献给我深爱着的父母、妻子和儿子

失谐驻波管及其管内非线性驻波场特性研究

闵 琦 著

科学出版社

北 京

内 容 简 介

　本书围绕变截面失谐驻波管的声学特性进行系统的论述. 所研究的变截面失谐驻波管包括两级突变截面驻波管,指数形、锥形、三角函数形和双曲形渐变截面驻波管,以及由这四种渐变截面驻波管与等截面驻波管分别组成的三级渐变截面驻波管.本书通过对变截面失谐驻波管声学特性的研究和优化设计,阐述了在大功率扬声器驱动下获取非线性大振幅纯净驻波场的方法.

　本书研究成果对于变截面驻波管的设计和大振幅纯净驻波场的获取有很好的借鉴作用,可作为高等院校和科研院所声学专业研究生、教师及相关工程技术人员的参考书.

图书在版编目(CIP)数据

失谐驻波管及其管内非线性驻波场特性研究/闵琦著. —北京:科学出版社,2017.8
　ISBN 978-7-03-053992-2

　Ⅰ.①失… Ⅱ.①闵… Ⅲ.①非线性声学-声波-驻波-研究 Ⅳ.①O422.7

　中国版本图书馆 CIP 数据核字(2017)第 176676 号

责任编辑:周　涵　赵彦超/责任校对:彭　涛
责任印制:张　伟/封面设计:迷底书装

科 学 出 版 社 出版
北京东黄城根北街 16 号
邮政编码:100717
http://www.sciencep.com

北京建宏印刷有限公司 印刷
科学出版社发行　各地新华书店经销
*
2017 年 8 月第　一　版　开本:720×1000　B5
2019 年 1 月第三次印刷　印张:10
字数:130 000
定价:58.00 元
(如有印装质量问题,我社负责调换)

序

  非线性大振幅纯净驻波场可用于传声器的校准、化学反应过程的控制等. 尤其是近年来,为提高热声机的功率和效率,大振幅非畸变纯净驻波场的研究和获取更受到人们的关注. 但由于非线性物理效应的存在,大振幅非畸变纯净驻波的获取及其性质的研究一直都是非线性声学研究领域的热点和难点.

  本书围绕变截面失谐驻波管的声学特性进行系统的论述. 所研究的变截面失谐驻波管包括两级突变截面驻波管,指数形、锥形、三角函数形和双曲形渐变截面驻波管,以及由这四种渐变截面驻波管与等截面驻波管分别组成的三级渐变截面驻波管. 本书通过对变截面失谐驻波管声学特性的研究和优化设计,阐述了在大功率扬声器驱动下获取非线性大振幅纯净驻波场的方法.

  全书分为六章,第1章为绪论,对非线性声学的研究历史进行回顾,对其进展进行归纳和总结. 在接下来的第2章对与本书内容密切相关的基础知识进行较为系统的介绍,如驻波以及驻波管的性质、非线性声波方程 Burgers 方程及其解,声波的分解与合成等. 为了对突变截面驻波管声学特性尤其是失谐性有深入的了解,在第3章中分别利用模态分析法和传递矩阵法对两级突变截面驻波管的声学特性尤其是失谐性质进行理论研究,在此基础上,利用传递矩阵法对三级及三级以上多级突变截面驻波管的声学特性进行理论研究. 第4章先通过实验对突变截面驻波管声学特性的理论研究结果进行验证,在对两级突变截面驻波管优化的基础上,利用两级突变截面驻波管的失谐性质来获取极高非线性纯净驻波场,并对扬声器不同连接方式下所得到的大振幅驻波场及其高次谐波的饱和特性进行实验研究. 第 5 章统一采用传递矩阵法对指数形、锥形、三角函数形和双曲形渐变截面驻波管的声学特性进行研究,并把传递矩阵法推广用于三级渐变截面驻波管声学特性的研究,之后通过实验对渐变截面驻波管、突变截面驻波管和等截面驻波管的声学特性和获取的大振幅非线性驻波场进行对比研究. 在最后的第 6 章对全书的工作进行回顾总结.

　　本书研究成果对于变截面驻波管的设计和大振幅纯净驻波场的获取有很好的借鉴作用,可作为高校声学专业研究生、教师及相关工程技术人员的参考书.

　　本书由国家自然科学基金项目"变截面驻波管声学性质研究及其应用"(编号:11364017)资助出版.

闵　琦

2017 年 3 月 30 日于红河学院

目　　录

第1章 绪 论

1.1 引 言

自 S. Earnshaw[1] 和 B. Riemann[2] 分别于 1858 年和 1860 年推导出描述非线性平面声波传播的隐性表达式到 20 世纪 30 年代,早期非线性声学的研究经历了近一个世纪漫长而艰辛的探索过程. 以 1935 年 Fubini-Ghiron 解[3] 和 1931 年 Fay 解[4] 的出现为标志,非线性声学逐渐发展成为声学研究领域一个独立的研究方向,而 1948 年 Burgers 方程[5] 的出现和应用极大地促进了现代非线性声学的发展. 尤其是在最近的半个多世纪里,非线性声学领域的研究取得了巨大的成就. 这些成就包括非线性方程的求解、参量阵的研究和应用以及声流、声辐射压等非线性效应的研究和应用等,围绕着这些成果的取得涌现出了大量的文献[6-9].

最近的三十年来,出于对环保和能源短缺的重视,利用非线性热声效应工作的热声机(热声发动机、热声制冷机),由于其优良的环保性能和对低品位热源的使用而得到了声学界的普遍关注[10-15]. 为提高热声机的功率和效率,热声机需要工作在大振幅非畸变的声场下[16]. 对热声机的研究有力地推动了非线性声学尤其是对大振幅非线性驻波的研究. 近几年来,围绕着大振幅非畸变驻波场的研究和获取成为了非线性声学领域研究的热点之一[17],本书的研究工作即是在这一背景下开展的. 第 1 章作为绪论先介绍非线性声学的研究历史和进展,主要介绍非线性行波、非线性驻波,其次对非线性声学效应的研究及其进展进行了介绍,接下来介绍了极端非线性纯净驻波场的研究和获取,这是本书研究的出发点和主要内容,最后对本书内容和写作安排进行了说明.

1.2　非线性声学研究的早期历史

声学是研究介质中机械波的产生、传播、接收和效应的物理学分支学科.声音是人类最早研究的物理现象之一,声学研究具有悠久的历史.而从现代科学技术的角度而言,对声学进行科学系统的研究始于 17 世纪初 Galileo 对单摆周期和物体振动的研究.从那时起直到 19 世纪,几乎所有杰出的物理学家和数学家都对研究物体的振动和声的产生原理作过贡献.例如 Newton(1687,《自然哲学的数学原理》)、d'Alembert (1747)、Euler(1759)以及 Laplace(1816)对波动方程和声速的研究[18]. 19 世纪及以前两三百年的大量声学研究成果的总结者是 Rayleigh,他在 1877 年出版的两卷《声学原理》集经典声学于大成,开创了现代声学的先河[19].

从数学的角度看,Rayleigh《声学原理》的内容主要涉及线性声学,而非线性声学的研究当时正处于初期阶段.早在 1766 年 Euler 就推导出了非线性平面声波方程,Euler 假设声波经过时的空气满足 Boyle 定律,即声波传播过程是等温的. Euler 已经意识到非线性声波传播速度不同于线性声波,而第一个对非线性平面声波传播规律作出正确认识的却是一百年后的 S. Earnshaw(1860).在求导非线性平面声波方程时 Lagrange(1761)和 Poisson(1808)的工作起了很大的推动作用,但和 Euler 一样,他们都假设声波经过时空气满足 Boyle 定律,因而未能得到描述非线性声波传播的正确结果.在非线性平面声波的早期研究中,与 S. Earnshaw(1858,1860)一样在非黏性理想流体介质中作出重要贡献的还有 G. B. Airy(1849)、B. Riemann(1860),他们的工作建立在正确的假设上,即声波的传播是绝热过程[8].

非线性声波在传播过程中非线性效应会逐步积累,最终导致激波的出现.这一现象首先引起了 G. G. Stokes(1848)[20] 的注意.对激波研究早期的贡献主要来自于 Rankine(1870)[21] 和 Hugoniot(1887,1889)[22],他们提出了连接激波前后的 R-H 条件.这一连接条件是弱激波理论的基础.早期将介质黏性成功地引入激波研究的是 Rayleigh(1910)[23] 和 G. I. Taylor(1910)[24],Taylor 首先获得了弱激波波阵面的数学表达式.

复合调(combination tone)现象是非线性声学研究早期引起人们关注的另一有趣的非线性现象.它是 18 世纪由意大利著名小提琴家 Tartini 发现的:当两把小提琴同时大声演奏时,往往会有与两把小提琴演奏的频率之差和之和相同频率的声音出现.Helmholtz(1856)首先意识到了这一现象的非线性本质.在接下来对这一现象的研究中涌现出了大量的文献,因为这一现象的研究对音乐声学和人的听觉系统的认识有着重要的作用.

在 Poisson 推导出的无黏理想介质非线性平面声波方程的基础上,S. Earnshaw(1858)求解得到了一个平面非线性声波满足的隐性表达式.这个表达式适用于激波出现之前.显性表达式是 Fubini-Ghiron(1935)给出的.激波出现并衰减后,弱衰减介质中非线性平面声波传播的 Fourier 级数解是 Fay(1931)首先得到的,这一解的出现早于描述非线性声波物理性质的标准方程——Burgers(1948)方程的应用.Fubini-Ghiron 解和 Fay 解应用了有别于线性声学中的数学处理方法,它们的出现,给非线性声学接下来的发展奠定了坚实的基础,自此,非线性声学逐步发展成为声学领域一个相对独立的重要分支.

1.3　非线性声学研究进展和现状

非线性声波也称大振幅声波或有限振幅声波(finite amplitude sound wave),它们可以划分为非线性行波和非线性驻波两类.进入 20 世纪 30 年代后,有关非线性行波的理论即开始了快速发展的时期,与非线性行波相比,非线性驻波的理论进展相对滞后.非线性驻波的主要进展是从 20 世纪 60 年代开始取得的,之前的非线性声学的进展几乎集中在非线性行波方面.接下来,就非线性行波和非线性驻波两方面的进展和现状予以分别介绍.

1.3.1　非线性行波

1.3.1.1　非线性行波的基本方程

1948 年,Burgers 为研究湍流的数学模型推导出了以其名字命名的著名的 Burgers 方程,这一方程可以用来描述非线性平面声波在具有耗散(黏滞和热传导)和非线性效应扩散介质中的传播,它的出现为非线性声学的发展奠定了坚实的数学基础.Cole(1951)[25]证明了著名的 Fay 解即是 Burgers 方程的严格解.之后,Mendousse(1953)[26]将 Burgers 方程用于描述非线性声波在黏性流体中的传播,而 Lighthill(1956)[27]将其用于热黏气体中的非线性声传播.

描述非线性声波的更一般的方程是 1971 年由 Kuznetsov 推导出来的,称为 Kuznetsov 方程[28].Kuznetsov 方程是 d'Alembert 方程在计及非线性和耗散项后的推广,可以用于描述绝大部分的非线性声学现象.Kuznetsov 方程的具体表达式如下

$$\frac{\partial^2 \Phi}{\partial t^2} - c_0^2 \Delta \Phi = \frac{\partial}{\partial t}\left[(\nabla \Phi)^2 + \frac{1}{2c_0^2}(\gamma - 1)\left(\frac{\partial \Phi}{\partial t}\right)^2 + \frac{b}{\rho_0}\nabla \Phi \right]. \quad (1.3.1)$$

其中, Φ 为速度势, 速度 $v = \nabla \Phi$; c_0、ρ_0 为声速和介质密度; $b = \kappa\left(\frac{1}{C_v} - \frac{1}{C_p}\right) + \frac{4}{3}\eta + \zeta$, κ 为热传导数, C_v、C_p 分别为定容比热和定压比热, 而 η、ζ 为体积(容性)黏滞系数和切向黏滞系数. 在不同的情形下可以简化为人们熟知的非线性声波方程: 当非线性和耗散项相对较小时, Kuznetsov 方程可以简化为描述非线性平面、柱面和球面声波的 Burgers 方程, 第 2 章会对平面波 Burgers 方程进行具体的讨论; 如果耗散可以不计, Kuznetsov 方程可简化为 Riemann 方程. Kuznetsov 方程在声束方面的应用导致了 KZK(Khokhlov、Zabolotskaya(1969), Kuznetsov(1971))方程的出现, 具体表达式为[29]

$$\frac{\partial}{\partial \tau}\left[\frac{\partial v}{\partial x} - \frac{\beta}{c_0^2}v\frac{\partial v}{\partial \tau} - \frac{b}{2\rho_0 c_0^3}\frac{\partial^2 v}{\partial \tau^2} \right] = \frac{c_0}{2}\left(\frac{\partial^2 v}{\partial y^2} + \frac{\partial^2 v}{\partial z^2} \right). \quad (1.3.2)$$

这里, τ 为时间变量; β 与绝热常数 λ 的关系满足 $\beta = \frac{1+\lambda}{2}$.

1.3.1.2 高次谐波的产生和传播

20 世纪 60 年代, 在非线性平面行波方面的主要进展是由 Blackstock 作出的. 非线性平面正弦声波在传播过程中由于非线性效应的积累会产生畸变, 畸变继续发展到一定程度时就会带来激波的出现. 上面的介绍已经提到激波出现前的非线性平面声波可以用 Fubini-Ghiron 解进行描述, 而激波出现并有所衰减后的平面非线性声波可以用 Fay 解进行很好的描述. Blackstock(1966)[30]利用桥函数巧妙地将这两个解连接了起来. Burgers 方程的另一个严格解是 Soluyan 和 Khokhlov 于 1962 年给出的[31], Blackstock 在 1964 年[32]还对 Fay 解进行了相应的改进. Fay 解尽管是 Burgers 方程的严格解, 但它是单频波演化而来的 Fourier

近似展开式.确定表达式的系数递归公式是 Enflo 和 Hedberg(2001)[33]给出的.

由于耗散的存在,非线性声波畸变产生的高阶谐波会逐渐衰减直至消失,最终声波又变成渐近单频波并且满足没有非线性耗散项的 Burgers 方程,此时的渐近单频波与 Fay 解中的第一项相等,振幅与最初的单频大振幅激励波振幅不再相关,这一现象称为"饱和".饱和不仅发生在非线性平面波,柱面波、球面波同样能产生.非线性声波最终的渐近单频波解被称为"老年(old-age)"解.相应的"老年问题"曾经被 Shooter、Muir、Blackstock(1974)[34],Crighton、Scott(1979),Scott(1981)[35],Sachdev,Tikekar、Nair(1986)[36],Sachdev、Nair(1989),Enflo(1996)[37]等进行过研究.

1.3.1.3 复合频率行波的产生和传播

两个初始非线性激励声波产生的畸变积累效应被 Fenlon(1972)[38]进行了研究,利用 Riemann 方程和 Fubini 解,Fenlon 将上述结果推广到了多频激励.Hedberg(1996,1999)[39]根据 Burgers 方程对多频激励也进行了研究,在考虑耗散的情形下,推导出来多频激励的严格解.这一严格解被用回到了双频激励,并和 Fenlon(1973)[40,41]早期的结果进行了对比.对于双频激励,Lardner(1982)[42]推广了 Mendousse 的结果并获得了相应的严格解.

多频激励其中的一个重要效应是复合频率(combination frequency,即激励频率之差和之和以及它们的整数倍)成分出现,当用两个高频初始声波激励时,复合频率中的低频成分具有辐射角窄、无旁瓣以及宽频带等特点.复合频率现象的以上特点首先由 Westervelt(1963)[43]进行了理论研究,之后 Berktay(1965)[44]进行了实验验证,以此为基础,发展起了被称为声参量阵的技术. 如今, 参量阵在目标探测与识别等方面得到了广泛的应用. Bakhvalov、Zhileikin 和 Zabolotskaya（1987）[45]对 KZK 方程的求解进行了尝试, Novikov、Rudenko 和 Timoshenko（1987）[46]以及 Hamilton（1997）[47]将 KZK 方程求解的相关成果用在了水下声参量阵的研究.

1.3.1.4　脉冲信号和 N 波的传播

在 Taylor（1910）弱激波研究的基础上, 人们利用 Riemann 方程和 Burgers 方程以及广义的 Burgers 方程对短脉冲声信号进行了研究. 周期波动在无黏介质中传播时会畸变成锯齿波, 类似地, 单个的信号峰会畸变成三角形激波, 而一个疏密相同时都有的脉冲信号会畸变成具有前激波和后激波的 N 波. G. B. Whitham（1974）[48]对无黏条件下的弱激波理论进行了广泛和深入的研究.

N 波的演化是一个非常令人感兴趣的问题. 当考虑耗散时, 求取平面 N 波的渐近（"老年（old-age）"）解比较简单, 但对于柱面和球面情形求解就变得有些困难. 利用 Burgers 方程以及广义的 Burgers 方程, Crighton、Scott（1979）[49,50], Sachdev、Tikekar 和 Nair（1986）[51], Hammerton 和 Crighton（1989）[52]对 N 波初值"老年问题"进行了理论和数值研究. B. O. Enflo（1998）[53]给出了"老年问题"的头两项幅值的级数解, 与数值结果吻合得很好. Whitham（1950, 1952）[54,55]将柱形 N 波问题用在了超声速物体激发出的激波上.

1.3.2　非线性驻波

1.3.2.1　非线性等截面驻波

非线性等截面驻波是指等截面驻波管内的大振幅驻波, 对非线性等截面驻波的研究实验早于理论. 20 世纪 30 年代,德国的 E. Schmidt (1935)、C. Mayer-Schuchard(1936)、E. Lettau(1939)对等截面驻波管内的非线性驻波进行了实验研究,当活塞在接近驻波管共振频率的区域振动时观察到了激波的出现. E. Lettau 根据其大量的观察画出了管内声波的理想波动图,之后,E. Frederiksen(1957)结合这些结果利用 Ritz-Galerkin 方法对非线性驻波进行了理论分析 . R. Betchov(1958)、Saenger 和 Hudson(1960)[56,57]假设驻波管内激波出现时的解由连续部分和非连续部分组成,非连续部分适用于对激波的描述,管壁带来的黏性耗散等同于动量方程中加入了一项与质点速度成正比的体力项;Saenger 和 Hudson 还做了相应的实验. 在假设共振时非线性等截面驻波管内的耗散主要源自激波和边界层的情形下,S. Temkin(1968)[58]给出了计算压力波动幅值极限的解析解.

　　20 世纪 60 年代在非线性驻波的研究中最具影响力的工作当属 W. Chester(1964)[59]. 在考虑了管道边界层内压缩和切向黏性耗散的情况下,W. Chester 将管壁摩擦带来的影响作为质量连续方程的附加项,利用 Lighthill(1956)[60]早些时候讨论过的方程和方法对非线性等截面驻波进行了研究,并在三种情形下进行了讨论,即无黏、压缩黏性和边界层效应,在二阶近似下能够很好地预言激波的出现. W. Chester 的理论结果得到了 Cruikshank(1966)[61]的实验验证,他的工作成为后来许多研究的基础:Jimenez(1973)[62]将其用于驻波管末端从封闭到打开的情形,J. J. Keller 将 W. Chester 方法推广用于研究亚谐波激励(1975)、考虑三阶效应(1976)以及具有任意强度管壁摩擦效应的驻波管(1976)[63-65],L. van Wijngaarden(1968)[66]将其用于末端封闭和开放的驻波管激波解,而 Nyberg(1999)[67]用其研究了双频激励的驻波管. Jimenez 的理论得到了 B. Sturtevant(1974)[68]的实验验证,J. J. Keller

亚谐波激励理论在 1987 年得到了 R. Althaus、H. Thomann[69] 的实验验证. 与 W. Chester 工作密切联系的还有 B. R. Seymour、M. P. Mortell (1972)[70] 的"小速率理论",M. P. Mortell、B. R. Seymour(1979,1980)[71] 先后讨论的非线性驻波的连续解和间断解以及 M. P. Mortell(1980)[72] 对非线性驻波演化的研究.

M. A. Ilgamov 和 R. G. Zaripov 等(1996)[73] 总结了之前的非线性驻波研究的成果,认为要提高以往理论与实验的吻合度,需要考虑参数 $\varepsilon \geqslant$ 0.1 的情况,这里 $\varepsilon = \sqrt{\pi l/L}$. A. A. Aganin 等(1994)[74] 采用数值方法研究了无黏气体的共振,他用到的数学模型考虑了激波带来的热传导的影响. A. Goldshtein 等(1996)[75] 在更高的精度上推导出了无黏气体共振数学模型,并预言了空间上的时均气体温度和压力梯度. T. Yano (1999)[76] 采用数值方法研究了气体共振时的声流,并预见了涡流和湍流的存在. L. Elvira-Segura、ERF de Sarabia(1998,1998)[77,78] 采用有限元方法对驻波管内高频非线性驻波进行了研究,并做了相应的实验. A. Alexeev 和 C. Gutfinger(2003)[79] 采用数值和实验的方法对驻波管内气体共振时产生的湍流和声流进行了研究. Vanhille 和 Campos-Pozuelo (2001)[80] 给出了 Lagrangian 坐标下的非线性驻波数值模型,并在接下来的工作中将其推广到了高维情形(2004,2004)[81,82],在超声段进行了相应实验.

1968 年,Coppens 和 Sanders[83] 采用微扰法研究了二阶一维非线性驻波方程,管壁的摩擦损耗被当成边界层内产生的具有同样能量损失的附加吸收项. 后来,Coppens 和 Sanders(1975)[84] 将他们的工作推广到了三维有能量损耗的空腔. Coppens 和 Sanders 研究结果中的声品质因子需要经验获得,并且适用范围仅限于较小声马赫数情形. 不同形状的不同边界层效应的共振器被 Bednarik 和 Cervenka(2000)[85] 进行了研究.

第一个从 Kuznetsov 方程出发研究非线性驻波的是 Gusev(1984)[86]，他在研究中用两个相反方向传播的简单波的叠加代替不考虑黏性时的驻波．之后利用 Kuznetsov 方程研究非线性驻波的还有 Coppens、Atchley(1997)[87]，Nyberg(1999)[67] 以及 Ilinskii、Lipkens、Lucas、Van Doren、Zabolotskaya(1998)[88]．

如果管末端边界的振动是大振幅振动，即使管内介质只是产生了线性畸变，但末端边界条件本身会激起非线性振动．这一类问题由 Rudenko(1999)[89]、Rudenko 和 Shanin(2000)[90] 进行了研究，他们发现了非稳态问题和稳态振动的解．对于边界做类似锯齿波周期振动以及管内介质已经发生了非线性畸变的情形，Rudenko、Hedberg 和 Enflo(2001)[91] 给出了精确的非稳态解．

1.3.2.2 非线性变截面驻波

这里的非线性变截面驻波主要指截面连续变化驻波管内产生的非线性驻波，这样的驻波管如锥形、号形、纺锤形以及三角函数形等．早在 1977 年，J. J. Keller[92] 就对变截面驻波进行了研究，由此推导出了描述变截面驻波的非线性微分-积分(differential-integral)方程．采用这一方程，Chester(1991,1994)[93,94]、H. Ockendon(1993)[95]、Ellermeier(1994,1997)[96,97] 等对非线性变截面驻波进行了广泛深入的研究．

Chester(1991)的研究发现，对于具有 Duffing 幅频相应的脉动球，只要球心处条件合适就会在球内产生连续的周期振动，他第一个指出了驻波管管形能够抑制共振时激波的产生．不过，Galiev(1999)[98] 的工作指出在振动的气泡中心附近也会有激波的出现．Ellermeier(1993,1994)[99,100] 采用类似于 Chester(1994)的技术对非线性弹性板的不均匀性对其共振带来的影响进行了研究，并推导出了描述共振时的幅频关系式;Ellermeier 的研究还表明柱形对称波共振时激波同样可以得到抑制. H. Ockendon(1993)[95]考察了变截面驻波管与等截面驻波管相比截面的变化程度对抑制激波的效果. Chester、J. J. Keller 及 H. Ockendon 的工作都预言了当截面变化超过一定阈值时单个的无激波解的存在. H. Ockendon(1993)等将驻波管截面不同的变化程度用小参数的不同阶进行表征,简要地讨论了能够影响线性谱的截面变化范围,同时给出了准一维模型适用的范围. Ellermeier(1997)[97]还研究了球形和柱形共振器内热黏气体的径向对称振动的演化过程,而 E. Kurihara、T. Yano (2006)[101]对同心球和柱内气体的非线性驻波的演化进行了研究.

Lawrenson[17]等 1998 年发表了关于非线性变截面驻波的重要实验成果,他们利用锥形、号形和纺锤形变截面驻波管的失谐性质(高阶共振频率不是一阶共振频率的整数倍)获得了前所未有的驻波声压,声压幅值是环境大气压的 340%,压比(峰值与谷值的比值)达到了 27. 他们把这一利用变截面驻波管失谐性质获取大振幅纯净驻波的技术称为共振强声合成(resonant macrosonic synthesis,RMS).

围绕着 Lawrenson 等的实验研究结果,Ilinskii 等 (1998)[88] 和 Chun、Kim(2000)[102]采用数值方法对其做了研究,数值求解的一维非线性方程包括了与黏性相关的衰减项. Ilinskii 等的数值结果给出了与实验定性吻合的幅频相应曲线,在接下来的工作中 Ilinskii、Lipkens、Zabolotskaya(2001)[103]考虑了热黏边界层效应和简单湍流模型带来的影响. Erickson 和 Zinn(2003)[104]采用 Galerkin 方法对 Ilinskii 等(1998)建立起来的方程进行了数值研究,研究的对象选择了号形驻波管,他们数值研究的关键是找到合适的试函数. 对号形驻波管进行研究的还有 M. A. Hossain、M. Kawahashi 等 (2004,2005)[105,106] 和 C. Luo, X. Y. Huang、N. T. Nguyen(2005,2007)[107,108].

Hamilton、Ilinskii、Zabolotskaya（2001）[109] 采用解析方法在 La-grange 坐标系下研究了 Lawrenson 等的实验结果,并给出了变截面驻波管"硬弹簧""软弹簧"非线性效应产生的条件. Mortell、Seymour（2004）[110] 分析了锥形非线性不均匀板的非线性强迫共振,更重要的是,Mortell、Seymour（2004）采用 Varley、Seymour（1988）[111] 发展起来的技术发现了截面变化显著的驻波管内非线性驻波问题的可解性,并利用 Duffing 微扰展开法求得了该类问题的幅频解析关系式. 最近,Mortell、Seymour（2008）[112] 对 Hamilton、Ilinskii、Zabolotskaya（2001）的工作进行了评论,Hamilton、Ilinskii、Zabolotskaya（2008,2009）[113,114] 对此进行了回应. Mortell（2009）[115] 最近的工作还涉及了 Lawrenson 等实验用到的锥形、号形及纺锤形驻波管内非线性驻波场的非线性演化过程.

1.4 非线性声学效应及应用

当声压级不断提高时,控制方程中声压级较低情形下可以不计的二阶和二阶以上小量所代表的物理性质会逐渐显现出来,使得描述声场的控制方程由线性变为非线性,这些物理性质通常被称为声场的非线性效应,这些效应的研究已属于非线性声学研究的范围. 这些效应包括声波畸变、热声效应、声辐射压(力)以及声流等. 对于声波畸变,前面的内容已经进行了较为详细的介绍,从前面的介绍可以看出对它的研究几乎贯穿了非线性声学的整个发展史. 接下来的内容将主要涉及热声效应、声辐射压(力)和声流. 另外,围绕着非线性参量 A/B 的测量和应用近年来有不少工作出现,为此我们也会进行一定的介绍.

1.4.1 热声效应

热声效应可分为热致声效应和声制冷效应. 早在 1777 年,Byron

Higgins 把氢气灯火焰放入两端开口的竖直放置的直管的适当位置时,管中就会激发出声音来[116]. 这一现象在历史上称为"歌焰",也是历史上最早发现的热声现象. 1850 年,Sondhauss 制造出在封闭端加热从而发声的 Sondhauss 管[117]. 1859 年,Rijke 在将加热丝放到一根两端开口的垂直空管的下部时观察到强烈的声振荡[118]. 1949 年,Taconis 在研究液氦时,发现了低温界广为人知的 Taconis 振荡[119],即将一端封闭的管子开口端伸入到液氦的液面时,管中将可能发生声波的振荡. 1975 年,P. Merkli 和 H. Thomann 等发现,在活塞激励的驻波管中间区域存在温度下降而两端温度升高的现象,这是历史上最早发现的声制冷现象[120].

热声理论是从 Kirchhoff(1868)研究热传导对管内声波的影响开始的. 1896 年,Lord Rayleigh 首先对热声振荡现象给出了定性解释[19]:流体在被压缩时向其提供热量,在其膨胀时取走热量,流体的振荡就会加强,热能向声能转化;反之,在流体被压缩时取走热量,而膨胀时提供热量,则流体的振荡会减弱,声能转化为热能. 这就是热声效应的 Rayleigh 准则. N. Rott(1969)[121-126]研究了不同截面积管内 Taconis 振荡起振的条件,并于 1980 年对其多年的工作进行了总结[127],他导出的理论框架是现代线性热声理论的基础,同时也是分析热声热机的理论基础. Wheatley、Swift 等对 Rott 的热声理论作了进一步的发展,G. W. Swift(1988)"Thermoacoustic Engines"[11]一文的发表标志着继 N. Rott 之后热声理论的研究进入了一个新的阶段.

热声理论主要用在了热声机的研制上. 热声机无任何机械运动部件,结构简单,可靠性高;热声发动机可利用太阳能、工业废热等低品位能源和再生能源,有助于提高能源的综合利用率;另外,热声机内部工作介质为氦气、氮气和氩气,对环境无污染. 热声制冷可在红外超导电子器件冷却、气体液化分离等领域获得应用. 随着热声技术的进步,热声发动机的热效率已能与传统内燃机相媲美,其最低制冷温度已经突破液氢温区[10].

1.4.2　声流

声流是指由一阶振荡速度和压力驱动叠加在一阶振动速度上的二阶的稳定速度,即使声场强度很大,其流动速度幅值与质点振动幅值相比仍是小量.声流的产生来源于 Reynolds 应力,一般将声流分为两种类型:Rayleigh 声流和 Eckart 声流[128]. Rayleigh 声流是 Rayleigh[19]在研究 Kundt 管中的 Dvorak 现象时首先进行了研究,Rayleigh 声流产生于流体与固体交接的 Stokes 边界层内,声能给涡旋流提供能量. Rayleigh 当时主要研究了平壁间驻波产生的声流,Rayleigh 声流产生的范围还包括固定物体与流动液体以及静止流体和移动物体的边界层. 与 Rayleigh 声流不同,Eckart 声流不是产生于流固耦合,它的产生是因为声束内声场能量的吸声衰减. Eckart 声流在指向性强的超声束中很容易观察到,所以又被称为"石英风"(quartz-wind).

声流的产生带来了对流热传导,这会降低热声机的效率,近年来由于热声机的研制声流理论有了很大的发展. 在热声研究领域,通常将驻波管热声机内产生的声流称为 Rayleigh 声流,而将环形行波热声机内产生的声流称为 D. Gedeon 声流[129]. 对于通过任意截面 S 的 Rayleigh 声流,其流动具有二阶时均速率 $\dot{M}$,满足 $\dot{M}=\int_{S}\langle\rho u\rangle \cdot \mathrm{d}S=0$,否则介质会在驻波管内聚集. D. Gedeon 声流不满足这一关系式,D. Gedeon 声流存在的行波管内质点介质密度振荡的相位与质点振动相位不再是相差 $\pi/2$. 2000 年,Vitalyi Gusev[130]初步建立了热声行波回路的 Gedeon 流理论模型,得到了二维大尺度平板模型中直流的解析解. 2001 年,Helence Bailliet[131]建立了热声驻波系统中的 Rayleigh 流理论模型,得到了二维任意尺度平板及圆管模型中直流的解析解和数值积分解. 另外, 该模型并非局限于热声系统, 也可用于任意的封闭振荡系统, 如脉管制冷机等.

1.4.3　声辐射压

声辐射压是实际黏性介质在计及二阶项后质点动量向声场中的物体转移的结果, 大家熟悉的电磁波同样也具有辐射压, 如所谓的"太阳风". 声辐射压与电磁波辐射压相比大许多, 存在数量级的差别. 声辐射压其实是通过物体的表面积分而得, 具有矢量性, 所以也被称为声辐射力[132-134]. 声辐射压首先是 Rayleigh 进行过系统的理论研究[19], 随后, Langevin(1932)也对其进行了研究. 由于他们定义辐射压的角度不同, 时至今日, 仍还存在两个以他们各自名字命名的声辐射压类型, 即 Rayleigh 辐射压和 Langevin 辐射压. 前者定义为 Lagrange 平均压力与静压力之差, 后者定义为界面前后的平均压力差. 有意思的是, 通过不同的计算方法得到的辐射压数值相差一倍[135].

自 Rayleigh 开创性研究工作之后, 出现了不少声辐射压方面的研究. 这些研究主要集中在行波驻波声场、波束对声场内球和柱等物体的声辐射压的求解上. 声辐射压的研究成果已经在能源、材料科学、医学等领域得到了广泛的应用. 在能源领域的应用, 如锅炉中声波助燃、声波除尘等; 在新材料的开发研究方面, 声辐射压可以用于声悬浮, 即把所研究的材料悬于空中而不与别的物体表面相接触, 从而避免了所研究的材料受到所接触物的污染; 而在医学领域, 超声碎石可以在不手术的情况下对患有胆结石、肾结石的病人进行体外碎石, 从而避免了手术给结石病人带来的痛苦, 这项技术目前已经比较成熟[136].

1.4.4　非线性参量 A/B

非线性参量 A/B 是在二级近似下的一个新的非线性特征量,它是物体方程在绝热条件下展开式的二阶项系数与一阶线性系数之比, $\dfrac{B}{A}=$ $\rho_0 c_0^{-2}\left(\dfrac{\partial^2 p}{\partial \rho^2}\right)_s$,它表明介质非线性效应的大小和动态特性,决定产生的二阶谐波的幅度. 它的重要性首先由 Fox 和 Wallace(1954)[137] 进行了研究. 而介质的非线性参数 A/B 是与介质的组织结构有关的,因此测量介质的非线性效应就有可能用来探测介质的组织结构.

早在 1983 年就有人提出利用非线性效应来进行医学诊断[138]. 随着对生物介质的非线性参数 A/B 的研究不断深入,特别是越来越多的研究表明 A/B 与生物组织的组分和结构有着明显的依赖关系,使得非线性参数 A/B 有可能作为生物组织定征与超声诊断的一个新的重要参量,以致近年来对生物组织的非线性参数 A/B 研究一直是超声医学研究中的前沿课题与持续热点之一,并已取得了重要进展,发展了非线性参数 A/B 医学成像与诊断技术. 为了得到生物组织的非线性参数 A/B 的空间分布,以便区别不同组织的组分与结构,就要采用各种方法(如泵波相移法、二阶谐波法与参量阵法)对检测到的非线性效应进行非线性参数 A/B 成像,这就是 A/B 医学成像的原理. 目前已有报道用 A/B 层析成像来区分正常肝与病变肝组织,并表明病变的肝脏组织由于结构与组分的变化而引起 A/B 值增大,而在层析图上反映出亮度明显增强,易辨认. 还有报道非线性参数 A/B 参量阵模拟成像技术.

鉴于上述非线性参数的重要性,对它的测量也必然引起重视,并要求精确测量. 测量的方法很多,在 Beyer[139] 的书中已列出用不同的方法去测定 B/A,但方法精度很少好于 5%. 大多数方法是热动力学法,需要控制压力与温度,测出声速随压力变化即可. 非线性声学方法即有限振幅法,在于测量其谐波信号的振幅和基波信号的绝对振幅. 在相位比较法中,B/A 是从静水压力绝热变化而引起猝发纯音的时间漂移来测定. Sarvazyan(1990)[140] 发展了对含水溶液的特定测量方法,Everbach (1990)[141] 提出的对不能混合的混合物的测量方法. 之后 Barriere 和 Royer(2001)[142] 提出一个新的方法,根据一高频声波与低频声脉冲相互作用时产生高频声波的相位调制,B/A 由检测相位调制来测定. 最近又有 Chavrier(2006)[138] 等提出通过有限振幅平面波的传播和模型化的交替方法来测定介质的 B/A.

其实对于液体介质的 B/A 测量,早在 20 世纪 50 年代中期已开始. 通过不同的测量方法,测量了一系列的液体介质的非线性参数,至今已有了比较完整的数据可供参考. 而对生物组织的 B/A 测量,则是从 80 年代初随着 B 超在医学诊断中的广泛使用和由此而引起的高强度声波的不可忽视的非线性效应受到人们重视,才开始研究的. 至今也发展了许多测量生物组织的 B/A 方法,传统方法还是热力学法和有限振幅法.

1.5 极端非线性纯净驻波场的研究

大振幅非畸变纯净驻波场有着广泛的用途,如传声器的校准、化学反应过程的控制、声黏结以及声悬浮等[17]. 近年来,为提高热声机的功率和效率,大振幅非畸变纯净驻波场的研究和获取更受到人们的关注. 然而,大振幅驻波由于非线性效应会产生高次谐波,能量由基波向高次谐波转移,从而使波形发生畸变. 当大振幅驻波场声压级提高到一定程度时,高次谐波将趋于饱和,最终导致激波的出现. 激波的出现极大地消耗了大振幅驻波场的能量,致使大振幅驻波场声压级将无法再进一步得到提高[17].

围绕着大振幅驻波场高次谐波的抑制和大振幅纯净驻波场的获取到目前为止主要有四种方法.

一是主动控制法,即在驻波管内针对大振幅驻波场的高次谐波尤其是二次谐波人为地引入次级声场,当引入的次级声场的幅值和相位与大振幅驻波场的高次谐波幅值和相位满足一定关系时高次谐波将被部分甚至完全地抑制. 中科院声学研究所的李晓东通过对 W. Chester 工作的分析研究,发现了一个带有控制项的解析解,并通过实验验证了主动控制法的可行性[143]. P. T. Huang、X. Y. Huang[144,145] 在这方面进行了一些理论探索.

二是被动吸收法,在驻波场内有针对性地放置吸收材料,用于吸收大振幅非线性驻波场畸变产生的高次谐波,与主动控制法一样主要是针对二次谐波,从而有效阻断能量由基波向高次谐波的传递. O. V. Rudenko,V. G. Andreev[146,147]在这方面做了相应的理论和实验工作.

三是色散法,即人为地将色散效应引入驻波管,如通过在驻波管两侧安装 Helmholtz 共振器,使得驻波管具有失谐性质,基波能在驻波管内共振时而高次谐波却不能,从而有效地抑制高次谐波能量的聚集和增加. 这一方法的理论和实验研究工作主要是由 N. Sugimoto、M. Masuda、T. Hashiguchi 等完成的[148,149].

四是失谐驻波管法,与等截面驻波管相比,变截面驻波管本身就具有失谐性质,这样变截面驻波管就可以利用自身失谐性质来有效地抑制高次谐波的增长. 变截面驻波管主要可分为渐变截面驻波管和突变截面驻波管,由于其失谐性质常被称为失谐驻波管.

Lawrenson 等就是利用截面连续变化失谐驻波管通过沿轴向作整体振动,即共振强声合成 RMS[17,102,150,151]获得了大振幅纯净驻波场. 利用三级突变截面驻波管的失谐性获得大振幅纯净驻波场已由 D. F. Gaitan、A. A. Atchley[152] 于 1993 年进行过研究,与之相关的理论工作是由 A. B. Coppens、J. V. Sanders[83,84,87] 完成的.

两级突变截面驻波管属于失谐驻波管(standing-wave tube with abrupt section,STAS),本身具有很好的失谐性质. 以扬声器为驱动声源的两级突变截面驻波管历史上 H. Oberst 曾经有过相关的研究,但获得的纯净驻波场声压级均未超过 174dB,并且对其声学性质尤其是管内大振幅驻波场谐波饱和特性的研究仍未见详细的报道. 为此,中科院声学研究所曾进行过类似的研究,但限于当时的条件,细管末端的声压级最大仅达到 164dB,没有观察到高次谐波的饱和.

我们通过优化 STAS 的管形组合,采用大功率扬声器等措施,在侧接和正接的情形下在一阶共振频率处分别获得了 180dB 和 184dB 的极高大振幅非畸变纯净声场. 以此为基础,对一阶共振频率激励下的声波波形畸变和高次谐波饱和情况以及 STAS 两端面的声压传递关系进行了实验研究;另外,对高阶共振频率激励下的声波波形畸变及其高次谐波饱和情况也进行了相应的实验研究,得到了极高声压情形下的一些实验规律,如高阶共振频率激励下的谐波饱和现象和波形畸变成为锯齿波[153].

第 2 章　相关理论背景概述

声学发展至今，所涉及的基本知识非常广泛. 在这一章里仅选取与本书工作关系比较密切的基础知识进行介绍，内容涉及声波的绝热传播、声波的色散关系、驻波、驻波管以及非线性声波方程和声波的分解与合成等六个方面. 接下来将分别予以介绍.

2.1　声波的绝热传播

历史上是法国的 Laplace[8,18] 于 1816 年最早提出声波绝热传播假设的，而声速是人们最早定量研究和测量的声现象，是刻画声波物理特性的重要物理量. 基于绝热传播假设推导出的声速理论值与实际测量值的一致性为声波绝热传播假设的成立提供了最早也是最重要的证据. 接下来应用热力学第一定律和热传导理论对声波绝热传播的条件进行研究，并就声波在管道中的绝热传播进行讨论.

2.1.1　声速

以平面声波 $p = A\sin(kx - \omega t)$ 为例，A、ω、k 分别为幅值、角频率和波数. 假设声波沿 x 轴方向传播，沿 x 轴取长度为 dx、横截面 ds 为单位面积的介质小体积元，如图 2.1.1 所示.

如果声波绝热传播假设成立，由物态方程可得

$$dP = \left(\frac{dP}{d\rho}\right)_s d\rho = c_s^2 d\rho. \tag{2.1.1}$$

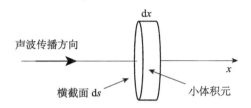

图 2.1.1　声波传播方向上的小体积元

对于理想气体,在平衡态下由绝热物态方程 $PV^{\gamma}=\mathrm{const}$ 可得

$$c_{s,0}^2=\frac{\gamma P_0}{\rho_0},\qquad(2.1.2)$$

γ 是气体绝热常数,就空气而言 $\gamma\approx1.4$;$c_{s,0}$ 是声速,通常记为 c. 标准情况下,由(2.1.2)式计算出的空气声速理论值是 331.6m/s,实际测量值是 331.3m/s,可以看出两者非常接近[154,155]. 值得一提的是,早在 1687 年 Newton[18]就对声波传播过程的物理特性进行过理论研究,Newton 把声波的传播过程假设成等温过程,由此推导出声速理论值为 $c_{i,0}=\sqrt{P_0/\rho_0}$,标准情况下 $c_{i,0}=297.9\mathrm{m/s}$,显然等温假设不能客观反映声波传播的实际情况.

2.1.2　绝热传播的条件 [156,157]

2.1.2.1　热力学第一定理

如图 2.1.1,根据热力学第一定律可以得到小体积元在传播方向上通过热交换从相邻区域获得的热量

$$\mathrm{d}Q=\rho_0 C_v \mathrm{d}T+P_0 \mathrm{d}V,\qquad(2.1.3)$$

其中,C_v 为定容比热;$\rho_0 C_v \mathrm{d}T$ 为单位小体积元内能的变化量;而 $P_0 \mathrm{d}V$ 为单位小体积元对外所做的功. 对于绝热,则 $\mathrm{d}Q=0$,(2.1.3)式变成为

$$\rho_0 C_v \mathrm{d}T=-P_0 \mathrm{d}V.\qquad(2.1.4)$$

声波绝热传播要求单位小体积元从相邻区域通过热交换获得的热量与

其对外所做功或内能的变化量相比小许多,即绝热传播条件为

$$\mathrm{d}Q \ll P_0 \mathrm{d}V \quad \text{或} \quad \mathrm{d}Q \ll \rho_0 C_v \mathrm{d}T. \tag{2.1.5}$$

(2.1.5)式两边对时间求导,得

$$|\partial Q / \partial t| \ll \rho_0 C_v |\partial T / \partial t|, \tag{2.1.6}$$

而热交换服从傅里叶传热定律,即

$$\partial Q / \partial t = K(\partial^2 T / \partial x^2), \tag{2.1.7}$$

其中,K 为傅里叶传热系数,可推得绝热传播条件的数学表达式为

$$|\partial^2 T / \partial x^2| \ll \kappa^{-1} |\partial T / \partial t|, \tag{2.1.8}$$

其中,$\kappa = K / \rho_0 C_v$,称为热扩散系数,绝热传播条件可进一步写成

$$k^2 |\sin(kx - \omega t)| \ll (\omega / \kappa) |\cos(kx - \omega t)|. \tag{2.1.9}$$

(2.1.9)式要成立,则

$$k^2 \ll \omega / \kappa, \tag{2.1.10}$$

或者

$$\omega \ll c^2 / \kappa = \omega_{\mathrm{max},1}. \tag{2.1.11}$$

2.1.2.2　热传导理论

对于所取单位小体积元,把 $\mathrm{d}Q = \rho_0 C_v \mathrm{d}T$ 代入(2.1.7)式得

$$\frac{\mathrm{d}T}{\mathrm{d}t} = \kappa \frac{\mathrm{d}^2 T}{\mathrm{d}x^2}, \tag{2.1.12}$$

(2.1.12)式即为热传导方程. 如果初始时刻坐标原点有温度满足式 $T = T_0 + B\sin(kx - \omega t)$ 的热源存在,则 t 时刻后温度在 x 轴上的分布满足[1,10]

$$T = C \mathrm{e}^{-\sqrt{\frac{\omega}{2\kappa}} |x|} \sin\left[\omega t - \sqrt{\frac{\omega}{2\kappa}} x\right], \tag{2.1.13}$$

其中,C 是与 B、κ、ω 有关的待定常数. 由上式可知此时热交换是以"热波"的形式进行的,热波波速为

$$v = \sqrt{2\kappa\omega}. \tag{2.1.14}$$

要实现绝热传播,热波波速必须远小于声速,在声波传播方向上相邻区域的热交换还没来得及充分进行声波就已经传走,即

$$\sqrt{2\kappa\omega} \ll c, \tag{2.1.15}$$

从而绝热传播条件为

$$\omega \ll c^2/2\kappa = \omega_{\max,2}. \tag{2.1.16}$$

可以看出与热力学第一定律的结论一样,声波要实现绝热传播存在频率上限.

2.1.3 管道内的绝热传播

假设管道半径为 R,声波传播方向与管轴重合,取为 x 轴. 在 x 轴上取长度为 $\mathrm{d}x$、横截面积 s 与管道横截面积相等的小体积元,如图 2.1.2 所示.

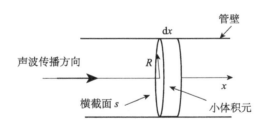

图 2.1.2 管道内声波传播方向轴向上的小体积元

小体积元中央的热量沿径向传到管壁的时间由(2.1.14)式可求得

$$t_{\text{tube}} = R/\sqrt{2\kappa\omega}. \tag{2.1.17}$$

声波沿管道轴向传播时径向绝热传播条件可表述为小体积元因声场作用而获得的热量绝大部分还没来得及沿径向传到管壁声波就已经传走,t_{tube} 远远大于波动周期,从而得到管道内绝热传播的径向条件为

$$\omega \gg 8\pi^2\kappa/R^2 = \omega_{\min}, \tag{2.1.18}$$

从而,声波在管道内沿轴向绝热传播的条件为

$$8\pi^2\kappa/R^2 \ll \omega \ll c^2/\kappa; \tag{2.1.19}$$

另一方面,对于某一频率的声波在管道内沿轴向要实现绝热传播,由(2.1.19)式可知管道半径必须满足

$$R \gg \pi\sqrt{8\kappa/\omega} = R_{\min}. \tag{2.1.20}$$

2.2 声波的频散与 K-K 关系

声波在传播过程中会出现有趣的频散现象,频散的原因有很多,其中与声波在介质中的衰减有着密切的关系. Kroning(1926)、Kramers(1927)[158-161]经过研究发现在上半平面解析的复变函数实部和虚部不是孤立的,可以通过后来以他们名字命名的 Kroning-Kramers(K-K)关系式相互确定. 对于实际的物理现象,如这里研究的声波的传播,从因果规律出发,可以通过 K-K 关系式来研究频散与吸收衰减之间的内在关系[162-167].

2.2.1 K-K 关系[168,169]

定义一个函数

$$E(t) = \int_{-\infty}^{t} G(t-t')C(t')\,\mathrm{d}t, \tag{2.2.1}$$

其中,$E(t)$、$C(t')$分别表示效果和原因;$G(t)$称为反应函数. 由因果规律可知,反应函数$G(t)$满足

$$G(t) = 0, \quad t < 0. \tag{2.2.2}$$

响应函数$G(t)$的 Fourier 变换和逆变换分别为

$$g(\omega) = \int_0^{\infty} \mathrm{e}^{\mathrm{i}\omega t}G(t)\,\mathrm{d}t, \quad G(t) = \frac{1}{2\pi}\int_{-\infty}^{\infty}\mathrm{d}\omega\mathrm{e}^{-\mathrm{i}\omega t}g(\omega). \tag{2.2.3}$$

容易证明下式成立

$$\overline{g(\omega)} = \int_0^\infty \mathrm{d}t e^{-\mathrm{i}\bar{\omega}t}G(t)\mathrm{d}t = g(-\bar{\omega}). \tag{2.2.4}$$

其中，横线表示共轭复数. $g(\omega)$ 可写成如下积分式

$$g(\omega) = \frac{1}{2\pi\mathrm{i}}\int_c \mathrm{d}\omega' g(\omega')/(\omega'-\omega). \tag{2.2.5}$$

这里，积分路径 c 是在 ω' 的上半平面且绕 ω 逆时针旋转的任意闭合曲线. 在此区域内，$g(\omega)$ 解析，(2.2.5)式可进一步写为

$$g(\omega) = \frac{1}{2\pi\mathrm{i}}p\int_c \mathrm{d}\omega'[g(\omega')/(\omega'-\omega)+\mathrm{i}\pi g(\omega)]. \tag{2.2.6}$$

其中，p 为主值. 求解 $g(\omega)$，得

$$g(\omega) = \frac{-\mathrm{i}}{\pi}p\int_c \mathrm{d}\omega' g(\omega')/(\omega'-\omega) = -\mathrm{i}HT[g], \tag{2.2.7}$$

HT 为 Hilbert 变换. 由复变函数的性质最终可以证明，$g(\omega)$ 的实部和虚部满足下面的关系式

$$\mathrm{Re}g(\omega) = \frac{2}{\pi}P\int_0^\infty [\omega'\mathrm{Im}g(\omega')/(\omega'^2-\omega^2)]\mathrm{d}\omega', \tag{2.2.8a}$$

$$\mathrm{Im}g(\omega) = \frac{-2\omega}{\pi}P\int_0^\infty [\omega'\mathrm{Re}g(\omega')/(\omega'^2-\omega^2)]\mathrm{d}\omega'. \tag{2.2.8b}$$

(2.2.8)、(2.2.9)式即为著名的 K-K 关系(Kramers-Kroning relation).

2.2.2　频散与衰减[170-174]

对于平面声波 p，介质的压缩量 s 和压缩率 K 满足以下关系式

$$s(t) = \int_{-\infty}^\infty K(t-t')p(t')\mathrm{d}t'. \tag{2.2.9}$$

对比(2.2.1)式和(2.2.9)式，K 的性质与反应函数 $G(t)$ 一样. 由 K-K 关系可得

$$\mathrm{Re}K(\omega) = \frac{2}{\pi}P\int_0^\infty \frac{\omega'\mathrm{Im}K(\omega')}{\omega'^2-\omega^2}\mathrm{d}\omega', \tag{2.2.10a}$$

$$\mathrm{Im}K(\omega) = -\frac{2}{\pi}P\int_0^\infty \frac{\omega'\mathrm{Re}K(\omega')}{\omega'^2 - \omega^2}\mathrm{d}\omega'. \qquad (2.2.10\mathrm{b})$$

对于平面声波，由于 $k = \omega/c(\omega) + \mathrm{i}\alpha(\omega)$，而 $k^2 = \omega^2\rho_0 K(\omega)$，这里 $\alpha(\omega)$ 为衰减系数，从而有如下关系式

$$\frac{\omega^2}{c^2(\omega)} - \alpha^2(\omega) = \omega^2\rho_0\mathrm{Re}K(\omega), \qquad (2.2.11\mathrm{a})$$

$$\frac{2\alpha(\omega)}{c(\omega)} = \omega\rho_0\mathrm{Im}K(\omega). \qquad (2.2.11\mathrm{b})$$

对于实际的情形，波数 k 的实部比虚部大许多，即 $\alpha(\omega)c(\omega)/\omega \ll 1$，所以上两式可进一步写为

$$c(\omega) = 1/[\rho_0\mathrm{Re}K(\omega)]^{1/2}, \qquad (2.2.12\mathrm{a})$$

$$\alpha(\omega) = [\rho_0 c(\omega)/2]\omega\mathrm{Im}K(\omega). \qquad (2.2.12\mathrm{b})$$

(2.2.12)式将声速和衰减联系了起来. 通过(2.2.10)式，可以进一步得到如下的关系式

$$\mathrm{Im}K(\omega) = -\frac{\pi}{2}\omega\frac{d\mathrm{Re}K(\omega)}{\mathrm{d}\omega}. \qquad (2.2.13)$$

由上式最终可以推导得如下的近似关系式

$$\alpha(\omega) = -\frac{\pi\omega^2}{2c_0^2}\frac{\mathrm{d}c(\omega)}{\mathrm{d}\omega}, \qquad (2.2.14\mathrm{a})$$

$$c(\omega) - c(\omega_0) = \frac{2c_0^2}{\pi}\int_{\omega_0}^{\omega}\frac{\alpha(\omega')}{\omega'^2}\mathrm{d}\omega'. \qquad (2.2.14\mathrm{b})$$

2.2.3　具体的频散与衰减关系式[175,176]

　　上面从 K-K 关系讨论了频散与衰减相互确定的关系，在接下来的讨论中，我们将以举例的形式具体推导出在计及黏性和热传导条件下声波的频散和衰减的关系式，即频散关系式. 接下来的讨论假设声波用 $p(x,t) = p^*\mathrm{e}^{\mathrm{i}(\omega t - kx)}$ 来描述，k 取复数，实部、虚部分别为 k_r、k_i，p^* 也是复数. 计及黏性和热传导后，运动、连续、物态和能量方程分别为

$$\rho\left(\frac{\partial u}{\partial t}+u\,\frac{\partial u}{\partial x}\right)=-\frac{\partial p}{\partial x}+\left(\zeta+\frac{4}{3}\mu\right)\frac{\partial^2 u}{\partial x^2}, \tag{2.2.15a}$$

$$\frac{\partial \rho}{\partial t}+\frac{\partial}{\partial x}(\rho u)=0, \tag{2.2.15b}$$

$$P=\rho RT, \tag{2.2.15c}$$

$$\rho c_{\mathrm{p}}\left(\frac{\partial T}{\partial t}+u\,\frac{\partial T}{\partial x}\right)=\frac{\partial p}{\partial t}+u\,\frac{\partial p}{\partial x}+\kappa\,\frac{\partial^2 T}{\partial x^2}+\Phi. \tag{2.2.15d}$$

(2.2.15)式中，μ 为黏性系数；Φ 为耗散函数，在方程组线化时，因 Φ 为二阶小量而被忽略；ζ 是黏性第二系数. 令 $p=p_0+p,\rho=\rho_0+\rho,T=T_0+T$ 及 $u=u$，其中. p,ρ,T 和 u 为一阶小量，且为复数. 线化后的方程组 (2.2.15)为

$$\rho_0\,\frac{\partial u}{\partial t}=-\frac{\partial p}{\partial x}+\left(\zeta+\frac{4}{3}\mu\right)\frac{\partial^2 u}{\partial x^2}, \tag{2.2.16a}$$

$$\frac{\partial \rho}{\partial t}+\rho_0\,\frac{\partial u}{\partial x}=0, \tag{2.2.16b}$$

$$\frac{p}{p_0}=\frac{T}{T_0}+\frac{\rho}{\rho_0}, \tag{2.2.16c}$$

$$\rho_0 c_p\,\frac{\partial T}{\partial t}=\frac{\partial p}{\partial t}+\kappa\,\frac{\partial^2 T}{\partial x^2}. \tag{2.2.16d}$$

由方程组(2.2.16)推得

$$\mathrm{i}\rho_0\omega u^{*}-\mathrm{i}kp^{*}+k^2\left(\zeta+\frac{4}{3}\mu\right)u^{*}=0, \tag{2.2.17a}$$

$$\mathrm{i}\omega\rho^{*}-\mathrm{i}k\rho_0 u^{*}=0, \tag{2.2.17b}$$

$$\frac{p^{*}}{p_0}-\frac{T^{*}}{T_0}-\frac{\rho^{*}}{\rho_0}=0, \tag{2.2.17c}$$

$$\mathrm{i}\omega\rho_0 c_p-\mathrm{i}\omega p^{*}+k^2\kappa T^{*}=0. \tag{2.2.17d}$$

要方程组(2.2.17)有唯一解，由克拉默法则(Cramer rule)可知：p^{*}、ρ^{*}、T^{*} 和 u^{*} 的系数行列式为零. 由此，得到计及黏性和热传导下的平面声

波的频散关系式为

$$\left[\frac{\kappa}{\rho_0 c_p} + \frac{i\omega\kappa}{p_0\rho_0 c_p}\left(\frac{4}{3}\mu+\zeta\right)\right]k^4 - \left[\frac{\omega^2\kappa}{p_0 c_p} - i\omega + \frac{\omega^2}{a^2\rho_0}\left(\frac{4}{3}\mu+\zeta\right)\right]k^2 - \frac{i\omega^3}{a^2} = 0.$$

(2.2.18)

衰减与频散相互确定的关系由上式可以清楚地看出. 液体中, 可忽略热传导和第二黏性系数 ζ. 如前讨论, 此时控制方程组由运动、连续、物态方程组成, 如下

$$\frac{\mathrm{d}p}{\mathrm{d}\rho} = \frac{\beta}{\rho},$$

(2.2.19a)

$$\rho\left(\frac{\partial u}{\partial t} + u\frac{\partial u}{\partial x}\right) = -\frac{\partial p}{\partial x} + \mu\frac{\partial^2 u}{\partial x^2},$$

(2.2.19b)

$$\frac{\partial \rho}{\partial t} + \frac{\partial}{\partial x}(\rho u) = 0.$$

(2.2.19c)

β 为体积弹性摸量. 方程组经过线化处理后, 不难求出频散关系式

$$k = \pm\sqrt{\frac{\omega^2\rho_0}{\beta^2+\omega^2\mu^2}} \cdot \sqrt{\beta - i\omega\mu}.$$

(2.2.20)

由 (2.2.20) 式, 可以把 k 用其实部 k_r 和虚部 k_i 分解为如下的频散关系式

$$k_r = \pm\frac{\sqrt{\omega^2\rho_0}}{(\beta^2+\omega^2\mu^2)^{\frac{1}{4}}}\cos\{[\arctan(\omega\mu/\beta)]/2\};$$

(2.2.21a)

$$k_i = \mp\frac{\sqrt{\omega^2\rho_0}}{(\beta^2+\omega^2\mu^2)^{\frac{1}{4}}}\sin\{[\arctan(\omega\mu/\beta)]/2\}.$$

(2.2.21b)

由 (2.2.21) 式容易看出, 当 $k_r > 0, k_i < 0$ 时, 对应于正行衰减平面声波, 其相速度 $v_p = \mathrm{d}x/\mathrm{d}t = \omega/k$ 是 ω 的函数, 证明此时频散现象确实存在. 当不考虑介质对声波的能量吸收时, $\mu = 0$, 可得到理想介质情况下的声速表达式 $a_0 = v_{p_0} = \sqrt{\beta/\rho_0}$, 此时无频散现象发生.

2.3　驻波的性质[177]

驻波由两列频率、振幅相同,传播方向相反的声波叠加而成,波形具有波节和波腹,且相对位置不随时间而改变. 容易形成驻波的场合如声波垂直入射到反射面时的情形,反射波和入射波的叠加就能很容易地形成驻波,驻波管就是充分利用这一点来产生驻波的. 实际的驻波场由于存在耗散,所以往往是驻波与行波的叠加,行波用于提供能量. 驻波与行波存在本质的差异,下面在不考虑耗散的情况下从能量和相位的角度对驻波进行讨论.

2.3.1　驻波的能量特性

在讨论驻波的物理特性之前,我们先假设这里讨论的驻波的数学表达式为

$$p = A\cos(kx)\cos(\omega t). \tag{2.3.1}$$

而质点速度 v 可以通过运动方程求出,具体求解的关系式为

$$v = -\frac{1}{\rho_0}\int \frac{\partial p}{\partial x}\mathrm{d}t. \tag{2.3.2}$$

声场内体积为 ΔV 的介质小体积元的动能和势能分别为

$$\Delta E_k = \frac{1}{2}\Delta V\rho v^2 = \frac{\Delta V}{2\rho_0 c_0^2}A^2\sin^2(kx)\sin^2(\omega t), \tag{2.3.3a}$$

$$\Delta E_p = \frac{\Delta V}{\rho_0 c_0^2}\int_0^p p\mathrm{d}p = \frac{\Delta V}{2\rho_0 c_0^2}A^2\cos^2(kx)\cos^2(\omega t). \tag{2.3.3b}$$

可以看出,驻波的动能和势能在任何位置都相差 $\pi/2$. 而对于行波,动能和势能的表达式均为

$$\Delta E_k^T = \Delta E_p^T = \frac{\Delta V}{2\rho_0 c_0^2}A^2\sin^2(kx-\omega t). \tag{2.3.4}$$

从上式可以看出,行波任何位置的动能和势能的变化都是同相的,动能和势能同时到达最大和最小(即零),因而声波能量不在介质内储存,声波通过后介质即恢复原先的静止状态. 驻波波节满足条件 $\cos(kx)=0$,根据(2.3.3)式,该处质元的动能和势能分别为

$$\Delta E_k = \frac{\Delta V}{2\rho_0 c_0^2} A^2 \sin^2(\omega t), \tag{2.3.5a}$$

$$\Delta E_p = 0. \tag{2.3.5b}$$

由此可见,对于波节处质元势能始终为零,没有形变. 对于波腹, $|\cos(kx)|=1$. 根据(2.3.3)式,该处质元的动能和势能分别为

$$\Delta E_k = 0, \tag{2.3.6a}$$

$$\Delta E_p = \frac{\Delta V}{2\rho_0 c_0^2} A^2 \cos^2(\omega t). \tag{2.3.6b}$$

由(2.3.6)式可知,波腹处质元动能始终为零,即波腹处质点保持不动,而势能随时间变化. 由于驻波是两列沿相反方向传播的行波叠加而成,令反向行波为 $p = A\sin(kx+\omega t)$,两列行波的能流密度可以分别表示为

$$I_1 = \frac{A^2}{\rho_0 c_0} \sin^2(kx-\omega t), \tag{2.3.7a}$$

$$I_2 = \frac{A^2}{\rho_0 c_0} \sin^2(kx+\omega t), \tag{2.3.7b}$$

从而可以得到驻波的能流密度为

$$I = I_1 - I_2 = \frac{A^2}{\rho_0 c_0} \sin(2kx)\sin(2\omega t). \tag{2.3.8}$$

当 $\sin(2kx)=0$ 时,$x = n\lambda/4, n \in Z$,表明波节、波腹处能流密度时刻为零,能量不通过波腹和波节. 相连波腹、波节间的能量为

$$E = \int_0^{\lambda/4} \frac{SA^2}{2\rho_0 c_0^2} \left[\cos^2(kx)\cos^2(\omega t) + \sin^2(kx)\sin^2(\omega t)\right] \mathrm{d}x = \frac{SA^2}{16\rho_0 c_0^2}\lambda,$$
$$\tag{2.3.9}$$

其中,S 为驻波场的横截面积. 由上式可以看出相连波腹、波节间的能量

是不随时间而变化的,这再次验证了(2.3.8)式的结论. 相邻波腹、波节间的动能和势能分别为

$$E = \int_0^{\lambda/4} \frac{SA^2}{2\rho_0 c_0^2}\left[\cos^2(kx)\cos^2(\omega t)\right]\mathrm{d}x = \frac{SA^2}{16\rho_0 c_0^2}\lambda\cos^2(\omega t),$$

$$(2.3.10a)$$

$$E = \int_0^{\lambda/4} \frac{SA^2}{2\rho_0 c_0^2}\left[\sin^2(kx)\sin^2(\omega t)\right]\mathrm{d}x = \frac{SA^2}{16\rho_0 c_0^2}\lambda\sin^2(\omega t).$$

$$(2.3.10b)$$

由上面(2.3.8)、(2.3.9)和(2.3.10)式分析可以看出,能量在相邻波腹、波节间不相互传递,而相邻波腹和波节间的动能和势能却相互转换,动能最大时势能为零,反之亦然.

2.3.2　驻波场质点速度与声压的相位关系

对于驻波,除从能量的角度来看具有与行波截然不同的特性外,接下来的分析还将看到,驻波质点速度与声压的相位关系和行波也有所不同. 对于行波 $p=A\sin(kx-\omega t)$,由(2.3.2)式可以得到质点速度为

$$v^T = \frac{A}{\rho_0 c_0}\sin(kx-\omega t), \qquad (2.3.11)$$

可以看出行波质点速度的相位和声压的相位无差别. 而对于(2.3.11)式描述的驻波,由(2.3.2)式可以得到质点速度为

$$v = \frac{A}{\rho_0 c_0}\sin(kx)\sin(\omega t). \qquad (2.3.12)$$

对比(2.3.1)式,可以看出驻波质点速度的相位和声压的相位差 $\pi/2$.

在驻波热声机的研究中,由于要给热声机本身提供能量以及耗散的存在,所以热声机内的声场往往是驻波与行波的叠加,行波用于提供能量而驻波主要用于产生热声效应. 为提高驻波热声机的功率和效率,常

常需要对热声机内的声场进行调相,使得热声机内的声场行驻波比例达到最佳值. 衡量行驻波比例的物理量有传统的行驻波比(standing wave ratio,SWR). 近年来,随着探测技术的发展,已能对质点速度及其相位进行较为准确的测量,而声压的测量技术早已成熟,所以如今在热声领域已经把质点速度的相位和声压的相位之间的关系作为调相时衡量行驻波比例非常重要的参考量.

2.4 驻 波 管

驻波管是声学领域中常见的装置,可以用它来制成阻抗管用于研究材料表面的声阻抗、吸声特性等;同时,驻波管也是研究声场本身性质不可或缺的工具. 当驻波管共振时,管内声场强度会急剧增加,很容易形成非线性声场,所以驻波管成为了非线性声学研究的重要手段和对象. 共振频率和品质因子是表征驻波管性质的重要物理量,为此,在接下来的讨论中,我们将对驻波管的共振和品质因子进行相应的讨论和研究.

2.4.1 驻波管的共振

2.4.1.1 不计耗散时的驻波管的共振[177]

一般情况下,驻波管是指长为 l、一端封闭另一端安装有驱动声源的直管. 根据声源性质的不同,可以把驱动声源分为恒速源和恒压(力)源. 对于恒速源,源端边界处质点位移满足 $A_v\sin(\omega t)$ 的变化规律;而对于恒压源,源端活塞的作用力满足 $A_p\sin(\omega t)$ 的变化规律;A_v、A_p 分别为质点位移和活塞作用力的幅值. 对应这两类声源,驻波管内声场质点速度分别满足:

恒速源

$$v_v(x,t) \propto A_v \frac{\sin(kx)}{\sin(kl)} \cos(\omega t),　　　　　(2.4.1a)$$

恒压源

$$v_p(t,x) \propto A_p \frac{\sin(kx)}{\cos(kl)} \cos(\omega t).　　　　　(2.4.1b)$$

对于恒速源,由(2.4.1a)式可知,当 l 趋于 $n\lambda/2$ 时,$n=1,2,\cdots$,分母 $\sin(kl)$ 趋于零,驻波管趋近共振状态,此时的驻波管称为半波长驻波管. 而对于恒压源,由(2.4.1b)式可知,只有当 l 趋于 $(2n+1)\lambda/4$ 时,分母 $\cos(kl)$ 才趋于零,驻波管也才趋近共振状态,此时的驻波管称为 1/4 波长驻波管.

2.4.1.2　计及耗散时的驻波管的共振[178]

在不计及耗散的情况下,由上面的讨论可以看出,当驻波管内的声场趋近共振时,声场内有些地方的质点速度会趋于无穷大,但实际的声场总会存在耗散,质点速度最大值存在一定的上限. 在计及耗散的情形下,驻波管的共振可以通过声源处的声阻抗而得到定义. 令声源处的声阻抗为

$$Z=Z_r+iZ_i　　　　　(2.4.2a)$$

通常情况下,声阻抗的实部 Z_r 和虚部 Z_i 都是频率 ω 的函数,大多文献将满足 $Z_i=0$ 时的振动定义为共振. 事实上,只有当系统品质因子 Q 足够高时,这样的定义带来的误差才不会太大,随着系统品质因子 Q 的下降,误差将会越来越大. 严格的驻波管共振定义是满足下式时的振动

$$\frac{dZ}{d\omega}=Z_r\frac{dZ_r}{d\omega}+Z_i\frac{dZ_i}{d\omega}=0.　　　　　(2.4.2b)$$

即驻波管共振时声源处的声阻抗 Z 取得极值. 可以很容易地证明,上面

讨论过的恒速源驱动的半波长驻波管共振时,对应于 Z 取极大值;而恒压源驱动的 1/4 波长驻波管共振时,对应于 Z 取极小值.

恒速源驱动的半波长驻波管共振时,由于声源端阻抗取极大值,声源振动时遇到的声阻尼会非常大,为保证声源此时能正常工作,声源往往采用活塞式声源,这样活塞的刚性才能承受声源振动时带来的巨大声阻尼.而对于恒压源驱动的 1/4 波长驻波管,共振时的阻抗取最小值,为保证共振时声功的有效输出,这就要求声源的振动振幅特别大,这时声源往往采用纸盆式扬声器,因为纸盆轻质,可以保证声源大振幅,尤其是高频下的正常工作.

2.4.2　驻波管的品质因子[177,178-181]

2.4.2.1　品质因子的定义

品质因子 Q 是衡量驻波管声学性质的重要物理量,它是一个无量纲量.品质因子的定义为

$$Q=\omega\,\frac{储能}{消耗功率}. \qquad (2.4.3a)$$

式(2.4.3a)从能量的角度定义了品质因子,另外,也可从频率的角度来定义.系统的能量在频域上有一定的分布,共振频率 ω_r 处系统聚集的能量最大,当振动频率小于或大于 ω_r 时,系统的能量将减少,如图 2.4.1 所示.

假设共振频率 ω_r 两侧系统能量减少为共振时能量的 1/2 对应的频率分别为 ω_1 和 ω_2,则系统的品质因子可以定义为

$$Q=\frac{\omega_r}{\omega_2-\omega_1}. \qquad (2.4.3b)$$

其中,$\Delta\omega=\omega_2-\omega_1$ 称为频率宽度.不同振动系统的品质因子差别可以很大.如演示实验用的音叉品质因子一般在 1000 左右,而激光器的品质因

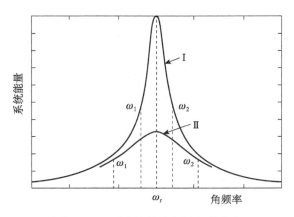

图 2.4.1 系统能量在频域上的分布

子可以达到10^{11}. 本书用到的两级突变截面驻波管品质因子在 100 附近，单级的在 $200 \sim 300$.

2.4.2.2 驻波管的品质因子

驻波管的品质因子 Q 主要由两部分组成：一是与管壁边界层黏性和热传导有关的部分 Q_{well}；二是与管口声辐射有关的部分 Q_{rad}. 而驻波管总的品质因子 $Q = (Q_{\text{well}} + Q_{\text{rad}})/(Q_{\text{well}} Q_{\text{rad}})$.

首先，参照谐振子品质因子的公式来推导与边界层有关的部分 Q_{well}. 对于谐振子，如果其振动方程为

$$y(t) = A e^{-\beta t} \cos(\omega t + \theta). \tag{2.4.4}$$

当阻尼较小时，可得谐振子品质因子 Q_o 满足如下的近似公式

$$Q_o \approx \frac{\omega_{\text{r}}}{2\beta}. \tag{2.4.5}$$

而对于在耗散介质中传播的声波，满足以下波动方程

$$p(t) = A e^{-\alpha z} \cos(\omega t + \theta). \tag{2.4.6}$$

与谐振子振动方程（2.4.4）对照后发现，对于在驻波管内来回振动的声波，有这样的等价关系：$\beta = \alpha c_0$. 而声波传播衰减系数

$$\alpha = \frac{\delta \omega}{2Rc_0}\left[1+\sqrt{\frac{\chi}{\nu}}\left(\frac{C_p}{C_\nu}-1\right)\right],\qquad(2.4.7)$$

其中,ν 为动力学黏滞系数,温度传导率 $\chi = K/\rho_0 C_p$,而 $\delta = \sqrt{2\nu/\omega}$ 为热穿透深度. 由此可以推得 Q_{well} 的表达式为

$$Q_{well} = \frac{R}{\delta\left[1+\sqrt{\dfrac{\chi}{\nu}}\left(\dfrac{C_p}{C_\nu}-1\right)\right]}.\qquad(2.4.8)$$

在温度为 300K 时,相关的文献给出了 Q_{well} 的近似公式 $Q_{well}\approx759.3R\sqrt{\omega}$.

对于半径为 R 作径向脉动的球源,其源强度 $Q_{str}=4\pi R^2 A_v$,A_v 为球表面脉动速度幅值[182]. 当 $kR\ll1$ 时,脉动小球源的声辐射功率 $p_r = \rho_0 c_0 k^2 Q_{str}^2/(8\pi)$. 长为 l 的驻波管,根据前面 2.3 节的讨论不难求出管内共振时驻波场的总能量. 对于半波长驻波管,在第 n 阶共振频率振动时驻波管内驻波场的总能量 $E_{r,\lambda/2}=\dfrac{n}{4}\pi\rho_0 lR^2 A_v^2$. 由品质因子的定义式 (2.4.3)得到

$$Q_{rad} = \omega\frac{\dfrac{n}{4}\pi\rho_0 lR^2 A_v^2}{\rho_0 c_0 k^2 Q_{str}^2/(8\pi)} = \frac{nc_0 l}{8\omega R^2}\qquad(2.4.9)$$

对于一端封闭另一端开口的驻波管,源强度 $Q_{str}=\pi R^2 A_v$,辐射品质因子 $Q_{rad}=2nlc_0/(\omega R^2)$.

2.5　非线性声波方程及其解[6,183-186]

非线性声波与线性声波有着本质的差别,线性声波在传播过程中满足叠加原理,而非线性声波在传播过程中不再满足叠加原理,会出现一些独特的非线性物理现象,如第 1 章中提到的波形畸变和激波的出现,以及两束非线性声波相交时和频和差频声波的出现等. 这些本质的不同

在与之相关的理论上得到了很好的反映,线性声学适用的范围为

$$M = \frac{v_a}{c_0} \ll 1 \qquad (2.5.1)$$

其中,M 为声马赫数;v_a 为质点振动速度幅值.声场不满足(2.5.1)式时就成为了非线性声学研究的内容,此时,在线性声学中可以忽略不计的高阶项必须予以考虑,在接下来的讨论中将就非线性声学用到的数学模型和方程的解进行介绍和研究.

2.5.1 无耗散理想介质中的非线性声波

2.5.1.1 Riemann 解

在不计及耗散的理想介质中,一维 x 方向上的非线性波动方程和连续方程分别为

$$\frac{\partial v}{\partial t} + v \frac{\partial v}{\partial x} = -\frac{1}{\rho} \frac{\partial p}{\partial x}, \qquad (2.5.2)$$

$$\frac{\partial (\rho v)}{\partial x} = -\frac{\partial \rho}{\partial t}. \qquad (2.5.3)$$

三维的波动方程和连续方程首先是由 Euler 于 1759 年推导出的.对于绝热过程,质点速度 v 和声速 c 都是密度的单值函数,即

$$v = v(\rho), c = c(\rho). \qquad (2.5.4)$$

把(2.5.2)、(2.5.3)两式重新改写为

$$-\frac{\frac{\partial v}{\partial t}}{\frac{\partial v}{\partial x}} = v + \frac{1}{\rho} \left(\frac{\mathrm{d}p}{\mathrm{d}v} \right), \qquad (2.5.5)$$

$$-\frac{\frac{\partial \rho}{\partial t}}{\frac{\partial \rho}{\partial x}} = v + \rho \left(\frac{\mathrm{d}v}{\mathrm{d}\rho} \right). \qquad (2.5.6)$$

(2.5.5)和(2.5.6)两式的左边分别表示 v 为常数的导数 $\left(\dfrac{\partial x}{\partial t}\right)_v$ 和 ρ 为常数的导数 $\left(\dfrac{\partial x}{\partial t}\right)_\rho$,由此可以得到

$$\left(\frac{\mathrm{d}v}{\mathrm{d}\rho}\right)^2 = \frac{c^2}{\rho^2}. \tag{2.5.7}$$

这里, $c^2 = \dfrac{\mathrm{d}p}{\mathrm{d}\rho}$. 由(2.5.7)式容易得到

$$v = \pm\int\frac{c}{\rho}\mathrm{d}\rho = \pm\int\frac{\mathrm{d}p}{\rho c}. \tag{2.5.8}$$

将(2.5.8)式代入(2.5.5)式、(2.5.6)式,我们有

$$\left(\frac{\partial x}{\partial t}\right)_v = \left(\frac{\partial x}{\partial t}\right)_\rho = v\pm c. \tag{2.5.9}$$

对(2.5.9)式进行积分,有

$$x = (v\pm c)t + f(v), \tag{2.5.10}$$

即

$$v = F[x - (v\pm c)t]. \tag{2.5.11}$$

(2.5.11)式即为非线性声学发展早期产生过重要影响的 Riemann(1860)解,由于 Earnshaw(1858)在这一方面的贡献,有时也将其称为 Earnshaw-Riemann 解.

2.5.1.2　非线性参量 B/A 和 Bessel-Fubini 解

在绝热假设下,保留高阶项的物态方程泰勒级数展开式为

$$
\begin{aligned}
P &= P_0\left[\frac{\rho}{\rho_0}\right]^\gamma = P_0 + \gamma P_0\left[\frac{\rho-\rho_0}{\rho_0}\right] + \frac{\gamma(\gamma-1)}{2}P_0\left[\frac{\rho-\rho_0}{\rho_0}\right]^2 + \cdots \\
&= P_0 + \rho_0\left(\frac{\partial P}{\partial\rho}\right)_{s,\rho_0}\left[\frac{\rho-\rho_0}{\rho_0}\right] + \frac{1}{2!}\rho_0^2\left(\frac{\partial^2 P}{\partial\rho^2}\right)_{s,\rho_0}\left[\frac{\rho-\rho_0}{\rho_0}\right]^2 + \cdots \\
&= P_0 + A\left[\frac{\rho-\rho_0}{\rho_0}\right] + \frac{1}{2}B\left[\frac{\rho-\rho_0}{\rho_0}\right]^2 + \cdots,
\end{aligned}
\tag{2.5.12}
$$

其中

$$A = \rho_0 \left(\frac{\partial P}{\partial \rho} \right)_{s,\rho_0} = \rho_0 c_0^2, \tag{2.5.13}$$

$$B = \rho_0^2 \left(\frac{\partial^2 P}{\partial \rho^2} \right)_{s,\rho_0} = \rho_0^2 \left(\frac{\partial c^2}{\partial \rho} \right)_{s,\rho_0}. \tag{2.5.14}$$

由此可以得到描述介质非线性性质的重要物理量——非线性参量 B/A，即

$$\frac{B}{A} = \rho_0 c_0^{-2} \left(\frac{\partial^2 P}{\partial \rho^2} \right)_{s,\rho_0} = 2\rho_0 c_0 \left(\frac{\partial c}{\partial P} \right)_{s,\rho_0}. \tag{2.5.15}$$

对于理想气体 $B/A = \gamma - 1$ 以及 $c = c_0 \left(\dfrac{\rho}{\rho_0} \right)^{\frac{\gamma-1}{2}}$，从而由(2.5.8)式可得

$$c = c_0 \pm \frac{\gamma - 1}{2} v. \tag{2.5.16}$$

可以看出，对于大振幅非线性声波，传播速度不再像线性声波为常数 c_0，而是在 c_0 基础上增加了 $\pm \dfrac{\gamma-1}{2} v$. 将(2.5.16)式代入 Riemann 解(2.5.11)式，有

$$v = F \left[x - \left(\frac{\gamma+1}{2} v \pm c_0 \right) t \right]. \tag{2.5.17}$$

如果在声源处有形如 $v = v_0 \sin(\omega t)$ 的声波产生，那么距离为 x 的地方，由(2.5.17)式可知声波满足

$$v = v_0 \sin \left(\omega t - \frac{\omega x}{c+v} \right) = v_0 \sin \left(\omega t - \frac{\omega x}{c_0 + \beta v} \right). \tag{2.5.18}$$

这里，$\beta = \dfrac{\gamma+1}{2}$. 由(2.5.18)式可以求得 $\partial v / \partial x \to \infty$ 时的距离为

$$x_k = \frac{\lambda c_0}{\pi(\gamma+1) v_0} = \frac{2\rho_0 c_0^3}{(\gamma+1)\omega p_0}. \tag{2.5.19}$$

x_k 为波形发生间断的临界距离，当超过这一距离时，波形畸变成锯齿波. x_k 还可进一步写为

$$x_k = \frac{\lambda}{\pi(\gamma+1)M} = \frac{1}{\beta Mk}. \tag{2.5.20}$$

当 $x < x_k$ 时,(2.5.18)式可改写为

$$v = v_0 \sin\left[\omega t - \frac{\omega x}{c_0}\frac{1}{1+\beta\frac{v}{c_0}}\right] = v_0 \sin\left[\omega t - kx\left(1 - \beta\frac{v}{c_0}\right)\right]. \tag{2.5.21}$$

因为 $\frac{1}{1+x} = 1 - x + x^2 - x^3 + \cdots, |x| < 1$,上式可以推导得

$$\frac{v}{v_0} = v_0 \sin\left(\omega t - kx + \frac{x}{x_k}\frac{v}{v_0}\right). \tag{2.5.22}$$

将(2.5.22)式展开成 Fourier 级数

$$\frac{v}{v_0} = \sum_n B_n \sin[n(\omega t - kx)]. \tag{2.5.23}$$

这里,$B_n = \frac{1}{\pi}\int_0^{2\pi} \sin\Phi \sin[n(\Phi - \sigma\sin\Phi)]\mathrm{d}(\Phi - \sigma\sin\Phi)$,最后可以得到

$$v = 2v_0 \sum_n \frac{J_n(n\sigma)}{n\sigma}\sin[n(\omega t - kx)]. \tag{2.5.24}$$

(2.5.24)式被称为 Bessel-Fubini 解,由 Fubini-Ghiron 首先于 1936 年推导出. 与 Riemann(2.5.11)式隐性解不同,(2.5.24)式已是关于质点速度 v 的显示表达式.

2.5.2 耗散介质中的非线性声波

2.5.2.1 Burgers 方程的近似解

由第 1 章中的 Kuznetsov 方程(1.3.1)出发,如果只考虑沿 x 轴正方向传播的行波,并且假设在一个波长的距离内由耗散和非线性造成的波形畸变不是很大,对(1.3.1)式作如下变换

$$\begin{cases} x' = \eta x, \\ \tau = t - \dfrac{x}{c_0}. \end{cases} \tag{2.5.25}$$

在只保留二阶项的情况下,有

$$2\eta c_0 \frac{\partial^2 \Phi}{\partial \tau \partial x'} = \frac{\partial}{\partial \tau}\left[\frac{1}{c_0^2}\left(\frac{\partial \Phi}{\partial \tau}\right)^2 + \frac{b}{\rho_0 c_0^2}\frac{\partial^2 \Phi}{\partial \tau^2} + \frac{(\gamma-1)}{2c_0^2}\left(\frac{\partial \Phi}{\partial \tau}\right)^2\right]. \quad (2.5.26)$$

因为 $v = -\partial\Phi/\partial x$,用 x 代替 x',上式即变为 Burgers 方程

$$\frac{\partial v}{\partial x} - \frac{\beta}{c_0^2}v\frac{\partial v}{\partial \tau} - \frac{b}{2\rho_0 c_0^3}\frac{\partial^2 v}{\partial \tau^2} = 0. \quad (2.5.27)$$

如果不是平面波,速度势 Φ 满足

$$\begin{cases} (\nabla\Phi)^2 = \left(\dfrac{\partial \Phi}{\partial r}\right)^2, \\[2mm] \Delta\Phi = \dfrac{\partial^2 \Phi}{\partial r^2} + \dfrac{n}{r}\dfrac{\partial \Phi}{\partial r}. \end{cases} \quad (2.5.28)$$

由此可以得到广义的 Burgers 方程

$$\frac{\partial v}{\partial r} + \frac{n}{2r}v - \frac{\beta}{c_0^2}v\frac{\partial v}{\partial \tau} - \frac{b}{2\rho_0 c_0^3}\frac{\partial^2 v}{\partial \tau^2} = 0. \quad (2.5.29)$$

其中,n 取 1 和 2 时,分别对应柱波和球波. 如果令 Burgers 方程 (2.5.27)的近似解 v 为一级近似解 v_1 和二级近似解 v_2 之和,即 $v = v_1 + v_2$,容易求出

$$v_1 = v_0 \mathrm{e}^{-\alpha x}\sin(\omega\tau), \quad (2.5.30)$$

$$v_2 = \frac{\beta\omega v_0^2}{4\alpha c_0^2}(\mathrm{e}^{-2\alpha x} - \mathrm{e}^{-4\alpha x})\sin(2\omega\tau). \quad (2.5.31)$$

这里,$\alpha = \dfrac{b\omega^2}{2\rho_0 c_0^3}$ 表示非线性平面声波传播衰减系数. 由此可以得到 p_2 的表达式为

$$p_2 = \frac{(\gamma+1)p_a^2}{4b\omega}(\mathrm{e}^{-2\alpha x} - \mathrm{e}^{-4\alpha x})\sin\left[2\omega\left(t - \frac{x}{c_0}\right)\right]. \quad (2.5.32)$$

2.5.2.2 Burgers 方程的严格解

为求 Burgers 方程(2.5.27)的严格解,先将其无量纲化. 令 $W = v/v_0$,

$$\sigma = \beta M x / x_k, y = c_0 \tau / x_c, x_c = c_0 / \omega, \delta_1 = \frac{b}{2\rho_0} \text{ 以及 } \Gamma = \beta M c_0 x_c / \delta_1, \quad (2.5.27)$$

式可进一步变换为一般常见形式下的无量纲 Burgers 方程

$$\frac{\partial W}{\partial \sigma} - W \frac{\partial W}{\partial y} = \frac{1}{\Gamma} \frac{\partial^2 W}{\partial y^2}. \quad (2.5.33)$$

引入 Cole-Hopf 变换

$$W = \frac{2}{\Gamma} \frac{\partial}{\partial y} (\ln \zeta). \quad (2.5.34)$$

代入(2.5.33)式得

$$\zeta'_\sigma = \frac{1}{\Gamma} \zeta''_{yy}. \quad (2.5.35)$$

(2.5.35)式即为标准的热传导方程,其解为

$$\zeta = \frac{1}{\sqrt{4\pi\alpha x}} \int_{-\infty}^{\infty} \zeta_0(\lambda) \exp[-\Gamma(\lambda - y)^2 / 4\sigma] \mathrm{d}\lambda. \quad (2.5.36)$$

设边界条件 $x=0$ 时 $v = v_0 \sin(\omega\tau)$,再引入变换 $\lambda - y = \pm\sqrt{\dfrac{4\sigma}{\Gamma}} q$,可以得到满足边界条件的解

$$\begin{aligned}
\zeta = &\frac{1}{2} \mathrm{erfc}(y/m) \\
&- \frac{1}{\sqrt{\pi}} e^{\frac{\Gamma}{2}} \int_{y/m}^{\infty} \exp\left[-q^2 - \frac{1}{2}\Gamma\cos(mq - y)\right] \mathrm{d}q \\
&+ \frac{1}{\sqrt{\pi}} e^{\frac{\Gamma}{2}} \int_{-\infty}^{\infty} \exp\left[-q^2 - \frac{1}{2}\Gamma\cos(mq + y)\right] \mathrm{d}q. \quad (2.5.37)
\end{aligned}$$

其中, $m = \sqrt{4\alpha x}$, $x = y/m$, $\mathrm{erfc}(y/m) = \dfrac{2}{\sqrt{\pi}} \int_x^{\infty} e^{-\xi^2} \mathrm{d}\xi$, 当 t 逐渐增加时, y/m 也逐渐变大,(2.5.37)式的前两项将逐渐消失,最后只剩下第三项,称为稳态项. 从而有

$$\zeta = e^{\Gamma/2} \sum_n e_n (-1)^n I_n\left(\frac{1}{2}\Gamma\right) e^{-n^2\sigma/\Gamma} \cos(ny); \quad e_n = \begin{cases} 1, n = 0, \\ 2, n \geqslant 1. \end{cases}$$

$$(2.5.38)$$

这里,将其代入(2.5.34)式即得 Burgers 方程(2.5.27)的严格解. 当 $\Gamma \gg$ 1 时,可以得到 Burgers 方程的严格近似解

$$W = \frac{2}{\Gamma} \sum_n \frac{\sin(ny)}{\sinh[n(1+\sigma)/\Gamma]}. \tag{2.5.39}$$

(2.5.39)式即为 Fay 解.

在二级近似下,无耗散的理想介质近距离区域内即 $0 \leqslant \sigma < 1$ 时的非线性声波可以用 Fubini 解来表示,而对于计及耗散的介质在远距离即 $\sigma > 1$ 和 $\Gamma \gg 1$ 且 σ/Γ 又不太大时,非线性声波可以用 Fay 解来进行描述. 1966 年 Blackstock 成功地利用桥函数将这两个解连接了起来,从而得到了 σ 可以取任何值时的大振幅非线性平面声波的数学表达式. 根据 Fourier 定量,任何波动都可以用 Fourier 级数

$$\frac{v}{v_0} = \sum_{n=1}^{\infty} B_n \sin[n(\omega t - kx)] \tag{2.5.40}$$

来进行表示. 其中,$n=1$ 时,B_1 代表基波幅值;$n>1$ 时,B_2、B_3 分别代表二次、三次谐波幅值. Blackstock 桥函数即是连接 Fubini 解和 Fay 解的级数展开式系数 B_n 的表示式,具体为

$$B_n = \frac{2}{n\pi} \sin\Phi_{\min} + \frac{2}{n\pi\sigma} \int_{\Phi_{\min}}^{\pi} \cos[n(\Phi - \sigma\sin\Phi)]d\Phi. \tag{2.5.41}$$

其中

$$\Phi_{\min} = \begin{cases} 0, & \sigma < 1; \\ \sin^{-1}\left(\dfrac{\pi}{1+\sigma}\right), & \sigma > 1. \end{cases} \tag{2.5.42}$$

2.6　声波的分解与合成(幅值、相位)[17]

由上一节的讨论可以看到,大振幅声波在传播过程中会因为声波的

非线性而发生畸变,Fourier 级数给波动声学的研究提供了有力的工具,这在非线性声学的研究中尤为重要. 通过 Fourier 级数分解,任何非线性声波波形都可用形如(2.5.40)式的级数进行表示,从而使非线性声波分解成各次谐波,从而为波形畸变的研究和抑制创造了必要的条件和基础. 由(2.5.40)式可以清楚地看出,要想抑制大振幅非线性声波波形在传播过程中的畸变,就得对 $n>1$ 的系数 B_n 所代表的高次谐波进行有效的控制,抑制住其增长.

理论和实验表明,当等截面驻波管共振时,管内驻波波形会发生严重畸变,严重时还会导致激波的出现. 波形畸变使得声场能量不断地从基波向高次谐波转移,造成能量的大量耗散,激波的出现更是加剧了声场能量的耗散. C. C. Lawrenson 等(1998)应用共振强声合成技术(RMS)有效地遏制了这种能量从基波向高次谐波的转移,从而获得了声压高于工质静压力 340% 的驻波场. 更为重要的是,C. C. Lawrenson 等的工作还表明要想很好地抑制大振幅驻波波形的畸变,除对高次谐波的增长进行有效的控制外,还需要对高次谐波的相位进行很好的控制. 下面,我们通过对声波波形的合成来具体说明高次谐波相位对驻波波形的重要意义.

假设驻波场某一固定点处的声压可以用级数表示为

$$p(t) = \sum_{n=1}^{\infty} \frac{1}{n} \sin\left[n\omega_1 t + \frac{\pi\phi_n}{180}\right]. \tag{2.6.1}$$

其中,ω_1 表示基波的角频率;$\pi\phi_n/180$ 表示各次谐波的相位. 为简便起见,这里把各次谐波的振幅简单地表示成了 $1/n$,并且在接下来的数值模拟中均假设 $\phi_n = \phi$. 当 n 上限取 100,$\omega_1 = 80\pi$,ϕ 分别取 $0°$、$90°$、$180°$和 $270°$时,图 2.6.1~图 2.6.4 根据(2.6.1)式绘出了对应波形的数值结果.

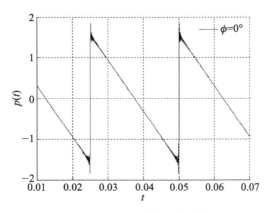

图 2.6.1　$\phi=0°$时的波形图

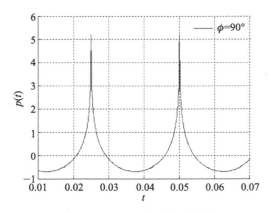

图 2.6.2　$\phi=90°$时的波形图

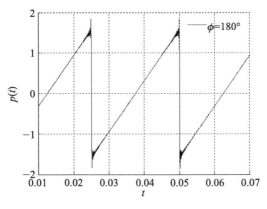

图 2.6.3　$\phi=180°$时的波形图

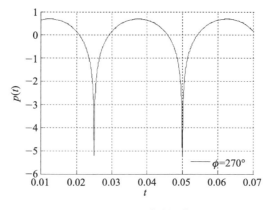

图 2.6.4　$\phi=270°$ 时的波形图

　　从上面的四个图可以看出,当 ϕ 分别取 0°和 180°时,波形分别为前激波和后激波;而当 ϕ 分别取 90°和 270°时,波形分别变成为正 u 和倒 u 形. 应该注意的是,在数值模拟时各种情形下的谐波幅值都为 $1/n$,但谐波相位的不同使得最终合成的声波波形差别非常大,由此可以看出,谐波相位对波形的畸变有着重要的影响.

第3章　突变截面失谐驻波管

3.1　引　　言

失谐驻波管是指高阶共振频率不是一阶共振频率整数倍的驻波管，即其管内声场的共振频率在频域上的分布不再是等间距[17,153]. 对于失谐驻波管，由于其失谐性，使得在任意阶共振频率激励下的大振幅非线性驻波的高次谐波在管内不能产生共振聚集能量，有效地抑制了基波能量向高次谐波的转移，从而有效地抑制了大振幅非线性驻波波形的畸变. 本章采用的失谐驻波管是由直径不同的圆管连接而成的突变截面驻波管，具有结构简单、易于制造和安装等优点.

对突变截面驻波管失谐性质的研究可以采用波动声学中常见的模态分析法，从模态分析的角度可以给出驻波场清晰直观的物理图像[154]. 模态分析法的优点在一级、二级突变截面驻波管中得到了很好的表现，但随着突变截面驻波管级数的增加，模态分析法在研究突变截面驻波管失谐性质时的复杂程度将显著增加，往往很难得到失谐驻波管共振频率的显性表达式.

传递矩阵法在求解三级和三级以上多级突变截面驻波管共振频率时却显得非常方便，尽管这一方法同样不能像模态分析法那样得出突变截面驻波管共振频率的显性表达式，但借助数值方法和传递函数，能够非常简便地求出多级突变截面驻波管共振频率及其传递函数在频域上的分布，为突变截面失谐驻波管性质的研究带来了极大的方便.

在这一章中,首先对传递矩阵法及其应用进行了全面的介绍,在随后的内容中,利用模态分析法和传递矩阵法对二级突变截面驻波管共振条件、共振频率及其失谐性质进行了详细研究.本章最后,采用传递矩阵法对三级及以上多级突变截面驻波管的声学特性和失谐性质进行了全面的研究.

3.2　传递矩阵法[187,188]

传递矩阵法在管道声学中的应用已经有很长的历史,用它可以方便地对管道声学单元如消声器、通风管口等的声学性质进行分析和研究,在管道噪声控制设计中常常作为边界元法和有限元法的有力补充.传递矩阵法采用矩阵的形式把所研究的声学单元前后两端声场的状态参数联系起来,所以有时被称为两端法(the two-port method),由于传递矩阵为 2×2 阶矩阵,所以有时也被称为四极子参数法(the four-pole parameter method).

3.2.1　传递矩阵的构造和物理意义

假设声波通过管路系统第 $n(n=1,2,3,\cdots)$ 个声学单元前的声压和质量速度分别为 p_n 和 u_n,通过后为 p_{n-1} 和 u_{n-1},如图 3.2.1 所示.

图 3.2.1　声波通过第 n 个声学单元前后的声学状态参量

传递矩阵法采用如下矩阵形式将声波通过第 n 个声学单元的状态量 p_n 和 u_n、p_{n-1} 和 u_{n-1} 联系起来

$$\begin{bmatrix} p_n \\ u_n \end{bmatrix} = \begin{bmatrix} A_{11} & A_{12} \\ A_{21} & A_{22} \end{bmatrix} \begin{bmatrix} p_{n-1} \\ u_{n-1} \end{bmatrix}. \tag{3.2.1}$$

其中，$\begin{bmatrix} p_n \\ u_n \end{bmatrix}$ 称为上游点 n 处的状态矢，而 $\begin{bmatrix} p_{n-1} \\ u_{n-1} \end{bmatrix}$ 称为下游点 $n-1$ 处的状态矢，表征第 n 个声学单元声学性质的 2×2 阶传递矩阵记为 $[T_n]$. 由 (3.2.1)式可以得到传递矩阵 $[T_n]$ 中各参数满足的关系式

$$\begin{cases} A_{11} = \dfrac{p_n}{p_{n-1}} \Big|_{u_{n-1}=0}, & A_{12} = \dfrac{p_n}{u_{n-1}} \Big|_{p_{n-1}=0}, \\[3mm] A_{21} = \dfrac{u_n}{p_{n-1}} \Big|_{u_{n-1}=0}, & A_{22} = \dfrac{u_n}{u_{n-1}} \Big|_{p_{n-1}=0}. \end{cases} \tag{3.2.2}$$

由(3.2.2)式可以看出传递矩阵 $[T_n]$ 中各参数的物理意义. 例如，A_{11} 表示假设下游末端刚性封闭时的上游压强与下游压强的比值；A_{12} 表示下游末端完全自由时上游压强与下游速度的比值.

如果第 n 个声学单元为长 l_n、直径 d_n 的直圆管，如图 3.2.2 所示.

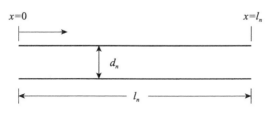

图 3.2.2　管长 l_n 的直圆管单元

管内驻波声压和质量速度的分布表达式为

$$\begin{cases} p(x) = p_{Ai} \mathrm{e}^{\mathrm{j}(\omega t - kx)} \mathrm{e}^{-\alpha_n x} + p_{Ar} \mathrm{e}^{\mathrm{j}(\omega t + kx)} \mathrm{e}^{\alpha_n x} = \dfrac{c_0}{s_n} (u_{Ai} \mathrm{e}^{\mathrm{j}(\omega t - kx)} \mathrm{e}^{-\alpha_n x} - u_{Ar} \mathrm{e}^{\mathrm{j}(\omega t + kx)} \mathrm{e}^{\alpha_n x}); \\[2mm] u(x) = u_{Ai} \mathrm{e}^{\mathrm{j}(\omega t - kx)} \mathrm{e}^{-\alpha_n x} + u_{Ar} \mathrm{e}^{\mathrm{j}(\omega t + kx)} \mathrm{e}^{\alpha_n x}. \end{cases} \tag{3.2.3}$$

其中，这里 k 为波数，$\alpha_n = 6.36 \times 10^{-4} \sqrt{f} / d_n$ 为平面波在管内传播的衰减

系数,单位为 mm^{-1}[154,189,190]. 声波在如图 3.2.2 所示管道声学单元内传播的分布参数等效电路见图 3.2.3.

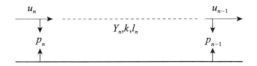

图 3.2.3　管长为 l_n 的驻波管单元等效电路图

其中,Y_n 为第 n 个分布参数声学单元即驻波管内的声阻抗,这里 $Y_n=c_0/s_n$.
由(3.2.2)式、(3.2.3)式可以得到

$$
\begin{aligned}
p_n &= p_{Ai}+p_{Ar} \\
&= \frac{1}{2}Y_n\left[\left(u_{n-1}-\frac{p_{n-1}}{Y_n}\right)\text{e}^{jkl_n}\text{e}^{\alpha_n l_n}-\left(u_{n-1}+\frac{p_{n-1}}{Y_n}\right)\text{e}^{-jkl_n}\text{e}^{-\alpha_n l_n}\right] \\
&= \frac{1}{2}\left[u_{n-1}Y_n(\text{e}^{jkl_n}\text{e}^{\alpha_n l_n}-\text{e}^{-jkl_n}\text{e}^{-\alpha_n l_n})-p_{n-1}(\text{e}^{jkl_n}\text{e}^{\alpha_n l_n}+\text{e}^{-jkl_n}\text{e}^{-\alpha_n l_n})\right];
\end{aligned}
$$

$$(3.2.4a)$$

$$
\begin{aligned}
u_n &= u_{Ai}+u_{Ar} \\
&= \frac{1}{2}\left[\left(u_{n-1}-\frac{p_{n-1}}{Y_n}\right)\text{e}^{jkl_n}\text{e}^{\alpha_n l_n}+\left(u_{n-1}+\frac{p_{n-1}}{Y_n}\right)\text{e}^{-jkl_n}\text{e}^{-\alpha_n l_n}\right] \\
&= \frac{1}{2}\left[u_{n-1}(\text{e}^{jkl_n}\text{e}^{\alpha_n l_n}+\text{e}^{-jkl_n}\text{e}^{-\alpha_n l_n})-\frac{p_{n-1}}{Y_n}(\text{e}^{jkl_n}\text{e}^{\alpha_n l_n}-\text{e}^{-jkl_n}\text{e}^{-\alpha_n l_n})\right].
\end{aligned}
$$

$$(3.2.4b)$$

由(3.2.4)式可得长为 l_n、直径为 d_n 的驻波管传递矩阵为

$$
\begin{bmatrix}
\dfrac{1}{2}(\text{e}^{jkl_n}\text{e}^{\alpha_n l_n}+\text{e}^{-jkl_n}\text{e}^{-\alpha_n l_n}) & \dfrac{Y_n}{2}(\text{e}^{jkl_n}\text{e}^{\alpha_n l_n}-\text{e}^{-jkl_n}\text{e}^{-\alpha_n l_n}) \\
\dfrac{1}{2Y_n}(\text{e}^{jkl_n}\text{e}^{\alpha_n l_n}-\text{e}^{-jkl_n}\text{e}^{-\alpha_n l_n}) & \dfrac{1}{2}(\text{e}^{jkl_n}\text{e}^{\alpha_n l_n}+\text{e}^{-jkl_n}\text{e}^{-\alpha_n l_n})
\end{bmatrix};\quad(3.2.5)
$$

连接这一驻波管前后状态参量的完整表达式为

$$\begin{bmatrix} p_n \\ u_n \end{bmatrix} = \begin{bmatrix} \dfrac{1}{2}(e^{jkl_n}e^{\alpha_n l_n} + e^{-jkl_n}e^{-\alpha_n l_n}) & \dfrac{Y_n}{2}(e^{jkl_n}e^{\alpha_n l_n} - e^{-jkl_n}e^{-\alpha_n l_n}) \\ \dfrac{1}{2Y_n}(e^{jkl_n}e^{\alpha_n l_n} - e^{-jkl_n}e^{-\alpha_n l_n}) & \dfrac{1}{2}(e^{jkl_n}e^{\alpha_n l_n} + e^{-jkl_n}e^{-\alpha_n l_n}) \end{bmatrix} \begin{bmatrix} p_{n-1} \\ u_{n-1} \end{bmatrix}.$$

$$(3.2.6)$$

上面对分布参数声学单元驻波管的传递矩阵进行了研究,研究方法可以推广应用于集中参数声学单元.对于如图 3.2.4 和图 3.2.5 所示的集中参数声学单元,采用上面同样的推导方法可以得到它们各自对应的传递矩阵(3.2.7)式和(3.2.8)式,其中 Z_n 为第 n 个集中参数声学单元的声阻抗.

$$\begin{bmatrix} 1 & Z_n \\ 0 & 1 \end{bmatrix} \tag{3.2.7}$$

$$\begin{bmatrix} 1 & 0 \\ 1/Z_n & 1 \end{bmatrix} \tag{3.2.8}$$

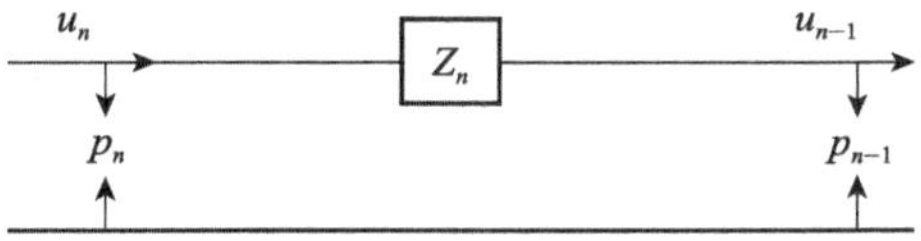

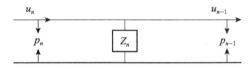

图 3.2.4　无旁支的集中参数声学系统等效电路图

图 3.2.5　有旁支的集中参数声学系统等效电路图

3.2.2　传递矩阵法的应用

上面介绍了传递矩阵法在声波通过单个声学单元管路情形的应用,主要介绍了传递矩阵 $[T_n]$ 的构造和各矩阵元的物理意义.以此为基础,可以把传递矩阵法推广用于声波通过多个声学单元管路的情形.为此,在接下来的内容中,我们将对传递矩阵法在具有多个声学单元管路系统中的应用进行介绍,同时介绍传递矩阵法在计算传输损失和插入损失方面的应用.

如图 3.2.6 所示,声波通过由 n 个声学单元组成的管路系统,其中 Z_0 为系统末端辐射阻抗.

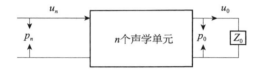

图 3.2.6　声波通过 n 个声学单元管路系统前后的状态参量

对于如图 3.2.6 所示的具有 n 个声学单元系统时的情形,可以充分利用矩阵性质,用分别表征这 n 个声学单元性质的矩阵乘积把声波通过 n 个单元前后的状态参量联系起来,具体数学表达形式如下

$$\begin{bmatrix} p_n \\ u_n \end{bmatrix} = \begin{bmatrix} T_n \end{bmatrix}\begin{bmatrix} T_{n-1} \end{bmatrix}\cdots\begin{bmatrix} T_1 \end{bmatrix}\begin{bmatrix} p_0 \\ u_0 \end{bmatrix}. \tag{3.2.9}$$

其中,Z_0 为系统末端辐射声阻抗.

为更好地说明传递矩阵法在具有多个声学单元管路情形时的应用,我们利用(3.2.9)式来考察如图 3.2.7 所示的具有 7 个声学单元管路系统传递矩阵的构造.这一管路系统既包含了分布参数声学单元,同时也包含了集中参数声学单元,其等效电路如图 3.2.8 所示.

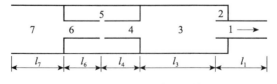

图 3.2.7　含 7 个声学单元的管路系统

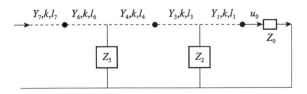

图 3.2.8　含 7 个声学单元管路系统的等效电路图

根据等效电路图 3.2.8, 可以得到连接声波通过如图 3.2.7 所示 7 个声学单元管路系统前后状态参量的矩阵表达式为

$$
\begin{bmatrix} p_7 \\ u_7 \end{bmatrix} = \begin{bmatrix} -\dfrac{1}{2}(\mathrm{e}^{jkl_7}\mathrm{e}^{\alpha_7 l_7}+\mathrm{e}^{-jkl_7}\mathrm{e}^{-\alpha_7 l_7}) & \dfrac{Y_7}{2}(\mathrm{e}^{jkl_7}\mathrm{e}^{\alpha_7 l_7}-\mathrm{e}^{-jkl_7}\mathrm{e}^{-\alpha_7 l_7}) \\ -\dfrac{1}{2}\dfrac{1}{Y_7}(\mathrm{e}^{jkl_7}\mathrm{e}^{\alpha_7 l_7}-\mathrm{e}^{-jkl_7}\mathrm{e}^{-\alpha_7 l_7}) & \dfrac{1}{2}(\mathrm{e}^{jkl_7}\mathrm{e}^{\alpha_7 l_7}+\mathrm{e}^{-jkl_7}\mathrm{e}^{-\alpha_7 l_7}) \end{bmatrix}
$$

$$
\times \begin{bmatrix} -\dfrac{1}{2}(\mathrm{e}^{jkl_6}\mathrm{e}^{\alpha_6 l_6}+\mathrm{e}^{-jkl_6}\mathrm{e}^{-\alpha_6 l_6}) & \dfrac{Y_6}{2}(\mathrm{e}^{jkl_6}\mathrm{e}^{\alpha_6 l_6}-\mathrm{e}^{-jkl_6}\mathrm{e}^{-\alpha_6 l_6}) \\ -\dfrac{1}{2}\dfrac{1}{Y_6}(\mathrm{e}^{jkl_6}\mathrm{e}^{\alpha_6 l_6}-\mathrm{e}^{-jkl_6}\mathrm{e}^{-\alpha_6 l_6}) & \dfrac{1}{2}(\mathrm{e}^{jkl_6}\mathrm{e}^{\alpha_6 l_6}+\mathrm{e}^{-jkl_6}\mathrm{e}^{-\alpha_6 l_6}) \end{bmatrix}
$$

$$
\times \begin{bmatrix} 1 & 1 \\ 1/Z_5 & 0 \end{bmatrix} \begin{bmatrix} -\dfrac{1}{2}(\mathrm{e}^{jkl_4}\mathrm{e}^{\alpha_4 l_4}+\mathrm{e}^{-jkl_4}\mathrm{e}^{-\alpha_4 l_4}) & \dfrac{Y_4}{2}(\mathrm{e}^{jkl_4}\mathrm{e}^{\alpha_4 l_4}-\mathrm{e}^{-jkl_4}\mathrm{e}^{-\alpha_4 l_4}) \\ -\dfrac{1}{2}\dfrac{1}{Y_4}(\mathrm{e}^{jkl_4}\mathrm{e}^{\alpha_4 l_4}-\mathrm{e}^{-jkl_4}\mathrm{e}^{-\alpha_4 l_4}) & \dfrac{1}{2}(\mathrm{e}^{jkl_4}\mathrm{e}^{\alpha_4 l_4}+\mathrm{e}^{-jkl_4}\mathrm{e}^{-\alpha_4 l_4}) \end{bmatrix}
$$

$$
\times \begin{bmatrix} -\dfrac{1}{2}(\mathrm{e}^{jkl_3}\mathrm{e}^{\alpha_3 l_3}+\mathrm{e}^{-jkl_3}\mathrm{e}^{-\alpha_3 l_3}) & \dfrac{Y_3}{2}(\mathrm{e}^{jkl_3}\mathrm{e}^{\alpha_3 l_3}-\mathrm{e}^{-jkl_3}\mathrm{e}^{-\alpha_3 l_3}) \\ -\dfrac{1}{2}\dfrac{1}{Y_3}(\mathrm{e}^{jkl_3}\mathrm{e}^{\alpha_3 l_3}-\mathrm{e}^{-jkl_3}\mathrm{e}^{-\alpha_3 l_3}) & \dfrac{1}{2}(\mathrm{e}^{jkl_3}\mathrm{e}^{\alpha_3 l_3}+\mathrm{e}^{-jkl_3}\mathrm{e}^{-\alpha_3 l_3}) \end{bmatrix}
$$

$$
\times \begin{bmatrix} 1 & 1 \\ 1/Z_2 & 0 \end{bmatrix} \begin{bmatrix} -\dfrac{1}{2}(\mathrm{e}^{jkl_1}\mathrm{e}^{\alpha_1 l_1}+\mathrm{e}^{-jkl_1}\mathrm{e}^{-\alpha_1 l_1}) & \dfrac{Y_1}{2}(\mathrm{e}^{jkl_1}\mathrm{e}^{\alpha_1 l_1}-\mathrm{e}^{-jkl_1}\mathrm{e}^{-\alpha_1 l_1}) \\ -\dfrac{1}{2}\dfrac{1}{Y_1}(\mathrm{e}^{jkl_1}\mathrm{e}^{\alpha_1 l_1}-\mathrm{e}^{-jkl_1}\mathrm{e}^{-\alpha_1 l_1}) & \dfrac{1}{2}(\mathrm{e}^{jkl_1}\mathrm{e}^{\alpha_1 l_1}+\mathrm{e}^{-jkl_1}\mathrm{e}^{-\alpha_1 l_1}) \end{bmatrix}
$$

$$
\times \begin{bmatrix} 1 & Z_0 \\ 0 & 1 \end{bmatrix} \begin{bmatrix} 0 \\ u_0 \end{bmatrix}. \tag{3.2.10}
$$

声波经过任意一个声学单元后声场能量会产生衰减,假设声波经过 $n-1$ 个声学单元前后状态参量满足下式

$$
\begin{bmatrix} p_n \\ u_n \end{bmatrix} = \begin{bmatrix} T_{11} & T_{12} \\ T_{21} & T_{22} \end{bmatrix} \begin{bmatrix} p_1 \\ u_1 \end{bmatrix}.
\tag{3.2.11}
$$

由(3.2.9)式可知,这里的 2×2 阶传递矩阵 $[T]$ 为 $n-1$ 个声学单元对应矩阵的乘积. 根据传输损失和插入损失的定义,可以将声波通过这 $n-1$ 个声学单元前后的状态参量分别表示为

$$
\begin{cases}
p_n = A_n + B_n, \\
u_n = (A_n - B_n)/Y_n, \\
p_1 = A_1 + B_1, \\
u_1 = (A_1 - B_1)/Y_1.
\end{cases}
\tag{3.2.12}
$$

由此可得到传输损失为

$$
TL = 20\log\left[\left(\frac{Y_1}{Y_n}\right)^{1/2} \left| \frac{T_{11} + T_{12}/Y_1 + Y_n(T_{21} + T_{22}/Y_1)}{2} \right| \right].
\tag{3.2.13}
$$

而插入损失为

$$
IL = 20\log\left[\frac{Y_1}{Y_n + Y_1} \left| T_{11} + T_{12}/Y_1 + Y_n(T_{21} + T_{22}/Y_1) \right| \right].
\tag{3.2.14}
$$

3.3　两级突变截面失谐驻波管

两级突变截面失谐驻波管主要组成部分是两段截面积不同的相连直管,如图 3.3.1 所示.细管为管 1,粗管为管 2.管 1 长度和直径分别为 l_1、d_1,其右端面刚性封闭;管 2 长度和直径分别为 l_2、d_2,左端面安放声

场驱动源扬声器. 下面, 我们将分别应用模态分析法和传递矩阵法对两级突变截面驻波管的声学性质尤其是失谐性质进行分析和研究.

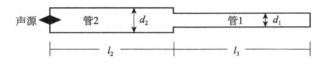

图 3.3.1 两级突变截面失谐驻波管示意图

3.3.1 模态分析法在两级突变截面驻波管研究中的应用[153,154]

3.3.1.1 两级突变截面驻波管的传递函数和共振条件

定义管 1 和管 2 的截面积比 $s=s_2/s_1$, 管长比 $l=l_2/l_1$. 当管内是空气, 扬声器在管 2 左端面驱动时, 如果管 2 左端面声源处声压为 p_2, 管 1 右端面封闭端声压为 p_0, 在考虑黏性和热传导带来的耗散后, 由模态分析法可得如下关系式[2]:

$$|p_0|^2 = \frac{(s \cdot p_2)^2}{A^2 + B^2 + (s^2-1)C}, \qquad (3.3.1)$$

其中

$$A = s \cdot \cos(kl_2)\cos(kl_1) - \sin(kl_2)\sin(kl_1),$$

$$B = s \cdot \sinh(\alpha_2 l_2)\cosh(\alpha_1 l_1) + \cosh(\alpha_2 l_2)\sinh(\alpha_1 l_1),$$

$$C = \cos^2(kl_2)\sinh^2(\alpha_1 l_1) - \sin^2(kl_1)\sinh^2(\alpha_2 l_2),$$

这里 k 为波数, $\alpha_1 = 6.36 \times 10^{-4}\sqrt{f}/d_1$, $\alpha_2 = 6.36 \times 10^{-4}\sqrt{f}/d_2$, 分别为平面波在管 1、管 2 内传播的衰减系数, 单位为 $\mathrm{mm^{-1}}$.

根据 (3.3.1) 式可定义两级突变截面驻波管两端面声压传递函数为

$$H = 20\lg\left|\frac{p_0}{p_2}\right| = 10\lg\left|\frac{s^2}{A^2 + B^2 + (s^2-1)C}\right| = L_0 - L_2, \quad (3.3.2)$$

其中，L_2、L_0 分别为两级突变截面驻波管左、右端面处的声压级. 由传递函数的定义式(3.3.2)可知,这里的传递函数是联系两级突变截面驻波管两端面声压的函数关系式,当传递函数取最大值和最小值时对应驻波管处于共振状态. 在不计及耗散或耗散很小的情况下,由(3.3.1)式、(3.3.2)式得到两级突变截面驻波管传递函数取最大值时的共振条件为

$$\tan(kl_1)\tan(kl_2) = s. \tag{3.3.3}$$

由(3.3.3)式可以看出,两级突变截面驻波管的共振频率不仅与管1、管2 的长度 l_1、l_2 有关,而且还与两管的截面积比 s 有关.

3.3.1.2 两级突变截面驻波管的共振条件图和失谐性

图 3.3.2 是根据(3.3.3)式绘出的共振条件图. 这里,横、纵坐标轴分别为 l_1/λ、l_2/λ,λ 为波长. 图中实线是截面积比 s 分别取 1、10 和 19 时根据(3.3.3)式所绘出的,图中还作出了通过原点标记为"$l=1$"的虚直线,其斜率为 1. 当管长比 l 取 1 时,不同截面积比 s 下的共振就发生在这一虚直线与相应实线的交点处. 交点离原点的相对距离决定了共振的阶数,离原点最近的为一阶,之后依次为二阶、三阶等高阶. 管长比 l 取其他常数时,不同截面积比 s 下的共振由通过原点斜率取 l 的虚直线与相应的实线交点确定.

为显示两级突变截面驻波管的失谐性质,我们选择了管长比 l、截面积比 s 分别取 1 和 10 的情形. 此时满足一至三阶共振条件的交点 P_1、P_2 和 P_3 分别在图上进行了标记,对应的横、纵坐标的数值分别标注在相应括号内,图 3.3.2 还在横坐标轴上标记出了 P_1、P_2 和 P_3 对应的横坐标 x_1、x_2 和 x_3 的位置. 从括号内的数值和 x_1、x_2 和 x_3 在横坐标轴上的位置可以清楚地看出 P_1、P_2 和 P_3 对应的横坐标不成整数倍,而横坐标 $x_n = l_1/\lambda_n = (l_1/c)f_n$,$n = 1, 2, 3, \cdots$,为共振阶数,$\lambda_n$、$f_n$ 分别为 n 阶共振

时的波长和频率, c 为声速, 由此可以清楚地看出这一情形下两级突变截面驻波管的失谐性质. 其他情形下的失谐性质可通过类似的讨论得到说明.

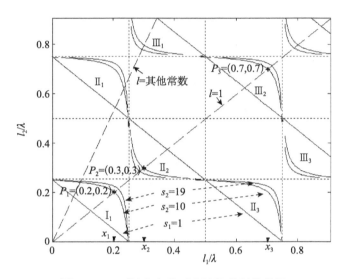

图 3.3.2　两级突变截面驻波管共振条件图

由图 3.3.2 还可看出, 可以根据实线曲率的正负将整个图 3.3.2 实线所在区域划分为两类区域, 即曲率为正的区域, 如一阶共振区域 I₁、二阶共振区域 II₁ 及 II₃ 等, 以及曲率为负的区域, 如二阶共振区域 II₂、三阶共振区域 III₁ 和 III₃ 等. 当截面积比 $s=1$ 时, 两类区域内的共振满足总管长 L 均等于 $(2n-1) \times \lambda/4$; 而对于 $s \neq 1$, 两类区域有所不同, 曲率为正的区域共振时 $L > (2n-1) \times \lambda/4$, 并且 s 越大, L 与 $(2n-1) \times \lambda/4$ 的比值越大, 曲率为负的区域情况恰恰相反.

3.3.2　传递矩阵法在两级突变截面驻波管研究中的应用

3.3.2.1　两级突变截面驻波管的传递矩阵

根据两级突变截面驻波管的构造示意图 3.3.1, 可以得到两级突变截面驻波管的等效电路图如图 3.3.3 所示.

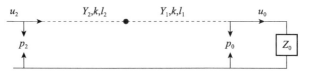

图 3.3.3　两级突变截面驻波管的等效电路图

根据传递矩阵的构造规则,由等效电路图 3.3.3 可以得到两级突变截面驻波管的传递矩阵为

$$
\begin{bmatrix} p_2 \\ u_2 \end{bmatrix} = \begin{bmatrix} -\dfrac{1}{2}(e^{jkl_2}e^{\alpha_2 l_2}+e^{-jkl_2}e^{-\alpha_2 l_2}) & \dfrac{Y_2}{2}(e^{jkl_2}e^{\alpha_2 l_2}-e^{-jkl_2}e^{-\alpha_2 l_2}) \\ -\dfrac{1}{2}\dfrac{1}{Y_2}(e^{jkl_2}e^{\alpha_2 l_2}-e^{-jkl_2}e^{-\alpha_2 l_2}) & \dfrac{1}{2}(e^{jkl_2}e^{\alpha_2 l_2}+e^{-jkl_2}e^{-\alpha_2 l_2}) \end{bmatrix}
$$

$$
\begin{bmatrix} -\dfrac{1}{2}(e^{jkl_1}e^{\alpha_1 l_1}+e^{-jkl_1}e^{-\alpha_1 l_1}) & \dfrac{Y_1}{2}(e^{jkl_1}e^{\alpha_1 l_1}-e^{-jkl_1}e^{-\alpha_1 l_1}) \\ -\dfrac{1}{2}\dfrac{1}{Y_1}(e^{jkl_1}e^{\alpha_1 l_1}-e^{-jkl_1}e^{-\alpha_1 l_1}) & \dfrac{1}{2}(e^{jkl_1}e^{\alpha_1 l_1}+e^{-jkl_1}e^{-\alpha_1 l_1}) \end{bmatrix}
$$

$$
\begin{bmatrix} 1 & Z_0 \\ 0 & 1 \end{bmatrix}\begin{bmatrix} p_0 \\ u_0 \end{bmatrix}. \tag{3.3.4}
$$

这里,由驻波管性质决定了末端辐射阻抗 $Z_0 \to \infty$. 如果用质点速度 v 代替质量速度 u,则(3.3.4)式可变换为下面的传递矩阵(3.3.5)式[20,21]. 其中,v_1、v_2 为两端面处的质点速度,由边界条件确定,对于两级突变截面驻波管,末端质点速度 $v_1 = 0$. 与模态分析法相比,当突变截面驻波管的级数进一步增加时,传递矩阵法在构造传递矩阵以及数值求解共振频率时相对简便的优势会逐渐显现出来.

$$
\begin{bmatrix} p_2 \\ v_2 \end{bmatrix} = \begin{bmatrix} \dfrac{1}{2}(e^{jkl_2}e^{\alpha_2 l_2}+e^{-jkl_2}e^{-\alpha_2 l_2}) & \dfrac{1}{2}\rho_0 c_0(e^{jkl_2}e^{\alpha_2 l_2}-e^{-jkl_2}e^{-\alpha_2 l_2}) \\ \dfrac{1}{2}\dfrac{1}{\rho_0 c_0}(e^{jkl_2}e^{\alpha_2 l_2}-e^{-jkl_2}e^{-\alpha_2 l_2}) & \dfrac{1}{2}(e^{jkl_2}e^{\alpha_2 l_2}+e^{-jkl_2}e^{-\alpha_2 l_2}) \end{bmatrix}
$$

$$
\left[
\begin{array}{cc}
\dfrac{1}{2}\left(e^{jkl_1}e^{\alpha_1 l_1}+e^{-jkl_1}e^{-\alpha_1 l_1}\right) & \dfrac{1}{2}\rho_0 c_0\left(e^{jkl_1}e^{\alpha_1 l_1}-e^{-jkl_1}e^{-\alpha_1 l_1}\right) \\[3mm]
\dfrac{1}{2}\dfrac{1}{\rho_0 c_0}\dfrac{1}{s}\left(e^{jkl_1}e^{\alpha_1 l_1}-e^{-jkl_1}e^{-\alpha_1 l_1}\right) & \dfrac{1}{2}\dfrac{1}{s}\left(e^{jkl_1}e^{\alpha_1 l_1}+e^{-jkl_1}e^{-\alpha_1 l_1}\right)
\end{array}
\right]
\left[\begin{array}{c}p_0\\ v_0\end{array}\right].
$$

$$(3.3.5)$$

3.3.2.2　两级突变截面驻波管声压传递函数的数值计算

为显示不同管形组合对两级突变截面驻波管声压传递函数和共振频率的影响,图 3.3.4 根据传递矩阵(3.3.5)式采用数值方法,绘出了具有代表性的四种管形组合下的两级突变截面驻波管声压传递函数在频域上的分布. 其中,(a)、(b)情形为管长比 l 都取 1,截面积比 s 不同,分别取 4 和 20.3;而(c)、(d)情形为截面积比 s 都取 9,管长比 l 不同,分别取 0.67 和 1.5. 从图 3.3.4 可以看出共振频率没有均匀分布在频域上. 同时还可看出,共振时,在计及耗散的情况下,两级突变截面驻波管两端面的传递函数值没有出现理想情形下的无限大,而是取有限值.

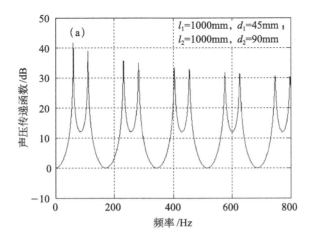

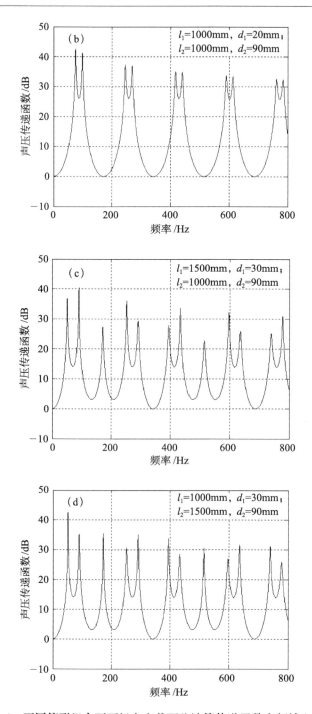

图 3.3.4　不同管形组合下两级突变截面驻波管传递函数在频域上的分布

　　表 3.3.1 是上面图 3.3.4 所绘四种不同管形组合下相应的前五阶共振频率及其对应的传递函数的具体值. 由表 3.3.1 可以清楚地看出两级突变截面驻波管的失谐性质, 即任意一种情形下, 高阶共振频率都不是一阶共振频率的整数倍. 四种情形下的两级突变截面驻波管两端面之间都可获得 27dB 以上声压传递函数值, 最高为 42.6dB.

表 3.3.1　管 A、管 B 取不同参数下的共振频率及其对应的声压传递函数值

序号	管 A、管 B 参数(mm)						1~5 阶共振频率(Hz)和声压传递函数(dB)				
	l_1	l_2	d_1	d_2	s	l	f_1 (H_1)	f_2 (H_2)	f_3 (H_3)	f_4 (H_4)	f_5 (H_5)
(a)	1000	1000	45	90	4	1	60.6 (41.7)	111.3 (39.0)	232.5 (35.8)	283.1 (34.9)	404.3 (33.4)
(b)	1000	1000	20	90	20.3	1	74.1 (42.6)	97.9 (41.4)	246.0 (37.4)	269.6 (37.0)	417.9 (35.1)
(c)	1500	1000	30	90	9	0.67	51.8 (38.8)	90.7 (40.4)	171.9 (27.4)	253.1 (35.9)	291.9 (29.3)
(d)	1000	1500	30	90	9	1.5	51.8 (42.6)	90.7 (35.2)	171.9 (35.4)	253.2 (30.7)	292.0 (35.1)

3.3.2.3　两级突变截面驻波管管形组合的理论优化

　　为给优化两级突变截面驻波管管形组合提供理论依据, 图 3.3.5 (a)、(b) 根据传递矩阵 (3.3.5) 式绘出了 l_2 取 1217mm, d_1、d_2 分别取 8mm 和 25mm 时声压级传递函数在频率 f、管长比 l 值域上的等值线; 图 3.3.6(a)、(b) 根据传递矩阵 (3.3.5) 式绘出了 l_1、l_2 分别取 981mm、1217mm, d_2 取 25mm 时声压级传递函数在频率 f、截面积比 s 值域上的等值线. 以上参数的选取主要依据后面实验所选用的实际管材的几何尺寸. 由局部放大图 3.3.5(b)、图 3.3.6(b) 可以分别看出, 对于一阶共振频率只要管长比 l、截面积比 s 超过 1 时声压级传递函数都可获得 26dB 以上值.

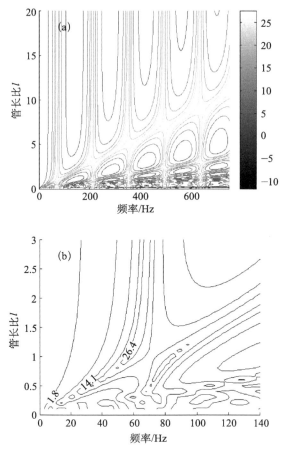

图 3.3.5　(a)一阶共振频率下声压级传递函数在频率、
管长比值域上的等值线;(b)局部放大图

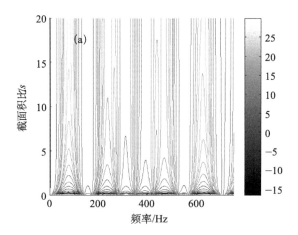

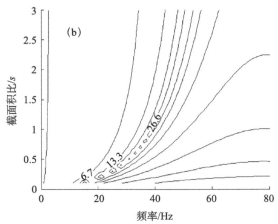

图 3.3.6 （a）一阶共振频率下声压级传递函数在频率、
截面积比值域上的等值线；（b）局部放大图

3.4 多级突变截面失谐驻波管

前面已经提到，当突变截面驻波管的级数多于两级时，随着级数的增加，采用模态分析法来求解突变截面驻波管的共振频率和声压传递函数将变得越来越复杂，而此时如果采用传递矩阵法来对突变截面驻波管的失谐性进行研究，传递矩阵法中传递矩阵构造的模块化的优势就会逐步显现出来. 接下来，就将采用传递矩阵法对三级和三级以上突变截面驻波管进行研究，从中可以清楚地看出传递矩阵法在处理多级突变截面驻波管问题上的简便快捷的优点.

3.4.1 三级突变截面失谐驻波管

3.4.1.1 三级突变截面驻波管的传递矩阵

三级突变截面驻波管构造图如图 3.4.1 所示，与两级突变截面驻波管相比增加了一级驻波管，其他组成不变. 各个端面处的声压和质量速度分别标示在了相应位置处,其中,驻波管两端面处的声压和质量速度分别为 p_0、u_0 和 p_3、u_3. 三级突变截面驻波管的等效电路图如图 3.4.2 所示.

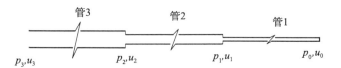

图 3.4.1　三级突变截面驻波管示意图

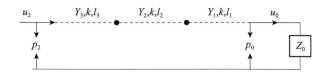

图 3.4.2　三级突变截面驻波管的等效电路图

参照两级突变截面驻波管传递矩阵(3.3.4)式的构造,由等效电路图 3.4.2 可以得到连接三级突变截面驻波管两端面声学状态参量的传递矩阵的表达式为

$$
\begin{bmatrix} p_3 \\ u_3 \end{bmatrix} = \begin{bmatrix} -\dfrac{1}{2}\left(\mathrm{e}^{jkl_3}\mathrm{e}^{\alpha_3 l_3}+\mathrm{e}^{-jkl_3}\mathrm{e}^{-\alpha_3 l_3}\right) & \dfrac{Y_3}{2}\left(\mathrm{e}^{jkl_3}\mathrm{e}^{\alpha_3 l_3}-\mathrm{e}^{-jkl_3}\mathrm{e}^{-\alpha_3 l_3}\right) \\ -\dfrac{1}{2}\dfrac{1}{Y_3}\left(\mathrm{e}^{jkl_3}\mathrm{e}^{\alpha_3 l_3}-\mathrm{e}^{-jkl_3}\mathrm{e}^{-\alpha_3 l_3}\right) & \dfrac{1}{2}\left(\mathrm{e}^{jkl_3}\mathrm{e}^{\alpha_3 l_3}+\mathrm{e}^{-jkl_3}\mathrm{e}^{-\alpha_3 l_3}\right) \end{bmatrix}
$$

$$
\times \begin{bmatrix} -\dfrac{1}{2}\left(\mathrm{e}^{jkl_2}\mathrm{e}^{\alpha_2 l_2}+\mathrm{e}^{-jkl_2}\mathrm{e}^{-\alpha_2 l_2}\right) & \dfrac{Y_2}{2}\left(\mathrm{e}^{jkl_2}\mathrm{e}^{\alpha_2 l_2}-\mathrm{e}^{-jkl_2}\mathrm{e}^{-\alpha_2 l_2}\right) \\ -\dfrac{1}{2}\dfrac{1}{Y_2}\left(\mathrm{e}^{jkl_2}\mathrm{e}^{\alpha_2 l_2}-\mathrm{e}^{-jkl_2}\mathrm{e}^{-\alpha_2 l_2}\right) & \dfrac{1}{2}\left(\mathrm{e}^{jkl_2}\mathrm{e}^{\alpha_2 l_2}+\mathrm{e}^{-jkl_2}\mathrm{e}^{-\alpha_2 l_2}\right) \end{bmatrix}
$$

$$
\times \begin{bmatrix} -\dfrac{1}{2}\left(\mathrm{e}^{jkl_1}\mathrm{e}^{\alpha_1 l_1}+\mathrm{e}^{-jkl_1}\mathrm{e}^{-\alpha_1 l_1}\right) & \dfrac{Y_1}{2}\left(\mathrm{e}^{jkl_1}\mathrm{e}^{\alpha_1 l_1}-\mathrm{e}^{-jkl_1}\mathrm{e}^{-\alpha_1 l_1}\right) \\ -\dfrac{1}{2}\dfrac{1}{Y_1}\left(\mathrm{e}^{jkl_1}\mathrm{e}^{\alpha_1 l_1}-\mathrm{e}^{-jkl_1}\mathrm{e}^{-\alpha_1 l_1}\right) & \dfrac{1}{2}\left(\mathrm{e}^{jkl_1}\mathrm{e}^{\alpha_1 l_1}+\mathrm{e}^{-jkl_1}\mathrm{e}^{-\alpha_1 l_1}\right) \end{bmatrix}
$$

$$\times \begin{bmatrix} 1 & Z_0 \\ 0 & 1 \end{bmatrix} \begin{bmatrix} p_0 \\ u_0 \end{bmatrix}. \tag{3.4.1}$$

3.4.1.2　三级突变截面驻波管传递函数的数值计算

由传递矩阵(3.4.1)式, 采用数值方法来计算三级突变截面驻波管传递函数在频域上的分布就将变得比较容易, 图 3.4.3(a)、(b)、(c)和(d)即是三级突变截面驻波管传递函数在频域上分布的数值结果. 为和两级突变截面驻波管作对比, 四种情形下所选用的管形组合第三、第二级驻波管几何尺寸分别与图 3.3.4 所绘两级突变截面驻波管四种情形下的第二、第一级驻波管相等, 并且图中还分别绘出了对应的两级突变截面驻波管的传递函数分布曲线. 为显示三级突变截面驻波管的失谐性, 图中同时还都绘出了第一级新增驻波管的传递函数分布曲线, 其中这一新增驻波管的长度 $l_1 = 1000\text{mm}$, 直径 $d_1 = 10\text{mm}$. 由图 3.4.3 可以看出, 此时三级和两级突变截面驻波管共振频率处的传递函数值均大于一级驻波管共振频率处的传递函数值.

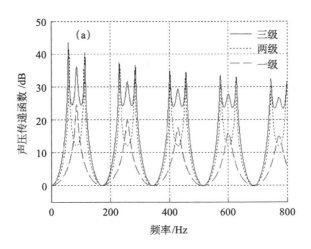

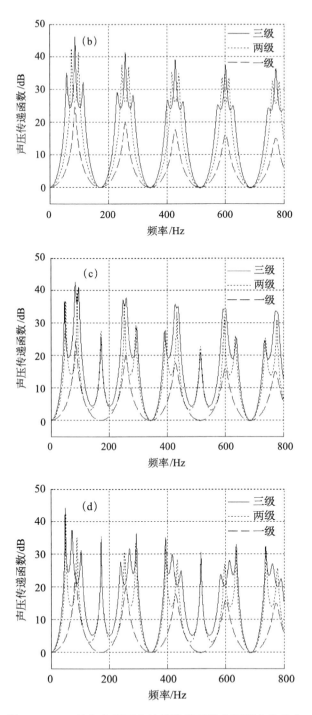

图 3.4.3　三级突变截面驻波管传递函数在频域上的分布

3.4.2　多级突变截面失谐驻波管

图 3.4.4 所示为具有 n 级驻波管的多级突变截面驻波管,各截面处的声压和质量速度都在图上进行了标示,相应的等效电路图如图 3.4.5 所示.

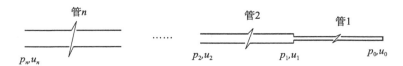

图 3.4.4　n 级突变截面驻波管示意图

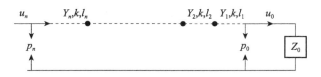

图 3.4.5　n 级突变截面驻波管等效电路图

根据上面对三级突变截面驻波管传递矩阵的讨论,由等效电路图不能得出连接 n 级突变截面驻波管两端面处声学状态量声压和质量速度的传递矩阵为

$$\begin{bmatrix} p_n \\ u_n \end{bmatrix} = \begin{bmatrix} -\dfrac{1}{2}(\mathrm{e}^{jkl_n}\mathrm{e}^{\alpha_n l_n}+\mathrm{e}^{-jkl_n}\mathrm{e}^{-\alpha_n l_n}) & \dfrac{Y_n}{2}(\mathrm{e}^{jkl_n}\mathrm{e}^{\alpha_n l_n}-\mathrm{e}^{-jkl_n}\mathrm{e}^{-\alpha_n l_n}) \\ -\dfrac{1}{2}\dfrac{1}{Y_n}(\mathrm{e}^{jkl_n}\mathrm{e}^{\alpha_n l_n}-\mathrm{e}^{-jkl_n}\mathrm{e}^{-\alpha_n l_n}) & \dfrac{1}{2}(\mathrm{e}^{jkl_n}\mathrm{e}^{\alpha_n l_n}+\mathrm{e}^{-jkl_n}\mathrm{e}^{-\alpha_n l_n}) \end{bmatrix}$$

$$\cdots$$

$$\times \begin{bmatrix} -\dfrac{1}{2}(\mathrm{e}^{jkl_2}\mathrm{e}^{\alpha_2 l_2}+\mathrm{e}^{-jkl_2}\mathrm{e}^{-\alpha_2 l_2}) & \dfrac{Y_2}{2}(\mathrm{e}^{jkl_2}\mathrm{e}^{\alpha_2 l_2}-\mathrm{e}^{-jkl_2}\mathrm{e}^{-\alpha_2 l_2}) \\ -\dfrac{1}{2}\dfrac{1}{Y_2}(\mathrm{e}^{jkl_2}\mathrm{e}^{\alpha_2 l_2}-\mathrm{e}^{-jkl_2}\mathrm{e}^{-\alpha_2 l_2}) & \dfrac{1}{2}(\mathrm{e}^{jkl_2}\mathrm{e}^{\alpha_2 l_2}+\mathrm{e}^{-jkl_2}\mathrm{e}^{-\alpha_2 l_2}) \end{bmatrix}$$

$$\times \begin{bmatrix} -\dfrac{1}{2}(\mathrm{e}^{jkl_1}\mathrm{e}^{\alpha_1 l_1}+\mathrm{e}^{-jkl_1}\mathrm{e}^{-\alpha_1 l_1}) & \dfrac{Y_1}{2}(\mathrm{e}^{jkl_1}\mathrm{e}^{\alpha_1 l_1}-\mathrm{e}^{-jkl_1}\mathrm{e}^{-\alpha_1 l_1}) \\ -\dfrac{1}{2}\dfrac{1}{Y_1}(\mathrm{e}^{jkl_1}\mathrm{e}^{\alpha_1 l_1}-\mathrm{e}^{-jkl_1}\mathrm{e}^{-\alpha_1 l_1}) & \dfrac{1}{2}(\mathrm{e}^{jkl_1}\mathrm{e}^{\alpha_1 l_1}+\mathrm{e}^{-jkl_1}\mathrm{e}^{-\alpha_1 l_1}) \end{bmatrix}$$

$$\times \begin{bmatrix} 1 & Z_0 \\ 0 & 1 \end{bmatrix} \begin{bmatrix} p_0 \\ u_0 \end{bmatrix}. \tag{3.4.2}$$

根据传递矩阵(3.4.2)式,图 3.4.6 采用数值方法绘出了五级突变截面驻波管传递函数在频域上的分布,其中,每一级驻波管的长度都为 1000mm,管 5 到管 1 的直径分别为 90mm、45mm、25mm、15mm 和 8mm. 为作对比,图中还绘出了由管 5 到管 2 组成的四级突变截面驻波管的传递函数曲线;同样,为显示它们的失谐性,图中还绘出了仅由管 1 构成的驻波管的传递函数曲线. 由图 3.4.6 同样可以清楚地看出,五级、四级突变截面驻波管共振时的传递函数值也都大于单级驻波管共振时的传递函数值.

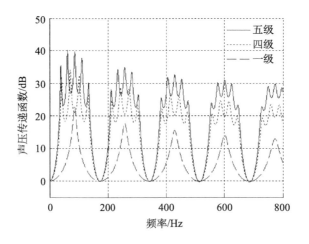

图 3.4.6　多级突变截面驻波管传递函数在频域上的分布

第 4 章 突变截面驻波管及其非线性驻波场的实验研究

第 3 章主要采用数值方法对突变截面驻波管的声学特性,尤其是失谐性,从理论上进行了研究,这一章将对突变截面驻波管进行实验研究.为此,搭建实验台,建立起了相应的突变截面驻波管实验系统.利用这一实验系统,首先对突变截面驻波管的声学特性进行了实验研究,并在此基础上,对突变截面驻波管获取极高纯净非线性驻波场和管内极高驻波场的性质进行了实验研究.

4.1 实验仪器和装置

实验系统实物图如图 4.1.1 所示,图中标出了主要的实验仪器和装置.下面,就图中所标出的仪器和装置分别进行详细说明.

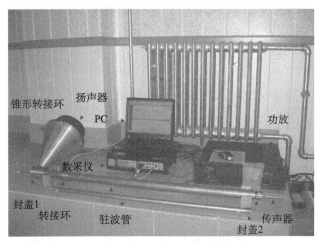

图 4.1.1 实验系统实物图

　　驻波管:实验所选用的驻波管均采用不锈钢材质的圆形管道,为能组合成不同级数的突变截面驻波管,实验选用了五种不同规格的圆管,具体参数如表 4.1.1 所示. 每一根管的两端都车有螺纹,螺距约为 70mm,以便相互连接,所选用的圆管壁厚和材质使得其重量足以克服实验过程中声源振动带来的影响. 为测量不同距离之间的传递函数,3 号、4 号圆管管壁钻有距离不等的小圆孔,孔径为 7mm,孔内可以安装测量声场所需的传声器.

表 4.1.1　实验所选用的驻波管相关参数

编号	内径/mm	规格(外径×厚度)/(mm×mm)	截止频率$^{1atm, 20℃}$/Hz
1	8	22×7	25155
2	15	25×5	13416
3	24	45×10	8385
4	49	70×10	4107
5	89	110×10	2261

　　封盖:如图 4.1.1 所示,根据位置的不同,封盖分为两种. 左边标注为封盖 1 的是用于连接扬声器和驻波管,右边标注为封盖 2 的是用于驻波管末端的封闭,封盖 1 和封盖 2 的示意图如图 4.1.2 和图 4.1.3 所示. 其中,由于扬声器与驻波管存在正接和侧接两种方式,所以封盖 1 也有两种钻孔方式,分别如图 4.1.2(a)、(b)所示,大圆孔孔径为 52mm,车有螺纹,用于安装扬声器锥形转接环,小圆孔孔径为 7mm 用于安放传声器. 对于封盖 2,壁面虽然没有钻有大孔,但封盖中央同样钻有孔径为 7mm 的小圆孔用于安放传声器. 封盖开口端与驻波管通过螺纹连接,口径与所连驻波管外径相等,封盖与驻波管连接后,做到内壁面齐平光滑无突起. 封盖采用不锈钢材质,壁厚不小于 45mm,重量完全能够克服实验时扬声器振动带来的影响.

　　转接环:实验用到的转接环有两种,如图 4.1.4 所示. 一种用于把两

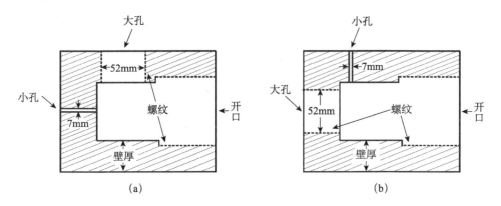

图 4.1.2　封盖 1 示意图

(a)侧接;(b)正接

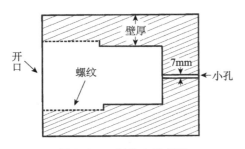

图 4.1.3　封盖 2 示意图

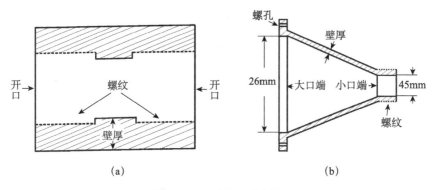

图 4.1.4　转接环示意图

(a)直管转接环;(b)锥形转接环

级驻波管连接起来,称为直管转接环;另一种是锥形转接环,用于连接扬声器和驻波管.直管转接环选用不锈钢材质,壁厚不小于 25mm,两端开口处车有螺纹用于将两级驻波管连接起来,口径与驻波管外径相等,与驻波管连接后,转接环与驻波管内壁面做到齐平光滑无突起. 锥形转接环为便于加工选用铝合金材质,壁厚最薄处大于 8mm,大开口端钻有螺孔通过螺栓用于安装扬声器,小开口端车有螺纹用于与驻波管连接. 直管转接环和锥形转接环重量足以克服扬声器工作时带来的振动影响,使用锥形转接环一方面是为了把扬声器激发的声场引入驻波管,同时也是为了对大口径扬声器激发的声场起到会聚作用,以便有效地提高驻波管左端面的声压级,后来的实验也证实了锥形转接环在这方面的重要作用.

扬声器:驱动声源采用美国生产的 McCauley6224 和 2010 两种型号的大功率扬声器,口径、线圈电阻都为 10 英寸和 8Ω,其最大输出功率分别为 300W 和 350W,频率范围 6224 为 45Hz~3kHz,而 2010 为 40Hz~2.5kHz. 大口径改善了扬声器低频声功的输出. 与活塞式声源相比,动圈式扬声器具有频率范围宽、频率和振幅容易调节、安装方便等优点.

功放:扬声器由美国生产的大功率功放 DSA1850B(CAC)驱动,外接扬声器电阻为 8Ω 时,采用立体声输出模式单路最大输出功率为 700W,完全可以满足扬声器最大负荷工作时的供电需要.

传声器:采用丹麦生产的 BK4944 驻极体式和 BK4941 电容式两种传声器. BK4944 驻极体式传声器灵敏度为 1.0mV/Pa,声压测量范围 46~170dB,主要用于所测声压级低于 169dB 时的情形. BK4941 电容式传声器灵敏度为 0.09mV/Pa,声压测量范围 73.5~184dB,主要用于声压超过 169dB 的极高声场的测量.

数采仪:由丹麦生产的数字信号采集仪 Pulse3560C 负责产生触发功放的激励信号,并负责对传声器采集的声压信号进行实时处理. Pulse3560C 通过网络接口与 PC 机相连接.

4.2 实 验 系 统

实验系统如图 4.2.1 所示,实验系统大致由三部分组成,即突变截面失谐驻波管部分、信号驱动部分和信号采集处理部分.需要注意的是,扬声器存在两种接法:一种是侧接,如图 4.2.1(a)所示,侧接可以用电动扬声器来很好地近似代替活塞声源,尤其是对于半波长驻波管实验扬声器可以用来模拟恒速源;另一种是正接,如图 4.2.1(b)所示,采用正接能够有效减少扬声器激发的声场能量在锥形转接环与驻波管连接处的能量损失,对于 1/4 波长驻波管高声强实验效果尤为突出.下面分别对实验系统的各组成部分进行相应的说明.

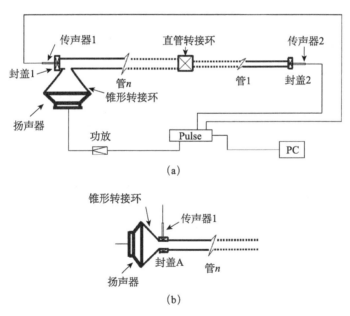

图 4.2.1 突变截面驻波管实验系统示意图

(a)扬声器侧接;(b)扬声器正接

失谐驻波管部分:主要包括不同管径的驻波管(直圆管)、连接不同管径的直管转接环以及两端面处的封盖. 图 4.2.1 绘出了 n 级突变截面驻波管的示意图,直管转接环和封盖也分别进行了标示. 为防止漏声,转接环、封盖与驻波管的连接处采用生料带进行密封.

信号驱动部分:主要由大功率扬声器、锥形转接环和大功率功放组成. 前面提过,扬声器是通过螺栓与锥形转接环相连接,而锥形转接环通过小口端外圈螺纹与驻波管左端面封盖 1 上是开口连接的,并且连接处使用生料带进行密封. 触发功放的激励信号由 B&K Pulse3560C 控制模块 7540 提供.

信号采集处理部分:主要包括安装在驻波管两端面处的传声器以及与其相连的数字信号采集与分析仪 Pulse 组成. 实验前传声器采用 BK4228 型活塞式校准仪(基准声压级 124dB/250Hz)进行校准,并且传声器与封盖内壁面齐平安装以减小对声场的干扰,安装孔处采用生料带密封以避免漏声. 传声器采集的声压信号由 B&K Pulse3560C 模块 7540 进行实时处理.

实验是在实验室温度和环境大气压下进行. B&K Pulse3560C 通过网络接口与 PC 机进行数据通信,实验由 PC 机进行全程实时监控.

4.3　突变截面驻波管声学特性的实验研究

4.3.1　两级突变截面驻波管的实验

两级突变截面驻波管在突变截面驻波管中结构最为简单,仅由两级不同管径的直圆管连接而成,第 3 章 3.2 节利用数值方法对其失谐性进行了细致的理论研究,并得到了两级突变截面驻波管的传递矩阵为

$$\begin{bmatrix} p_2 \\ u_2 \end{bmatrix} = \begin{bmatrix} -\dfrac{1}{2}(\mathrm{e}^{jkl_2}\mathrm{e}^{\alpha_2 l_2} + \mathrm{e}^{-jkl_2}\mathrm{e}^{-\alpha_2 l_2}) & \dfrac{Y_2}{2}(\mathrm{e}^{jkl_2}\mathrm{e}^{\alpha_2 l_2} - \mathrm{e}^{-jkl_2}\mathrm{e}^{-\alpha_2 l_2}) \\ -\dfrac{1}{2}\dfrac{1}{Y_2}(\mathrm{e}^{jkl_2}\mathrm{e}^{\alpha_2 l_2} - \mathrm{e}^{-jkl_2}\mathrm{e}^{-\alpha_2 l_2}) & \dfrac{1}{2}(\mathrm{e}^{jkl_2}\mathrm{e}^{\alpha_2 l_2} + \mathrm{e}^{-jkl_2}\mathrm{e}^{-\alpha_2 l_2}) \end{bmatrix}$$

$$\times \begin{bmatrix} -\dfrac{1}{2}(\mathrm{e}^{jkl_1}\mathrm{e}^{\alpha_1 l_1} + \mathrm{e}^{-jkl_1}\mathrm{e}^{-\alpha_1 l_1}) & \dfrac{Y_1}{2}(\mathrm{e}^{jkl_1}\mathrm{e}^{\alpha_1 l_1} - \mathrm{e}^{-jkl_1}\mathrm{e}^{-\alpha_1 l_1}) \\ -\dfrac{1}{2}\dfrac{1}{Y_1}(\mathrm{e}^{jkl_1}\mathrm{e}^{\alpha_1 l_1} - \mathrm{e}^{-jkl_1}\mathrm{e}^{-\alpha_1 l_1}) & \dfrac{1}{2}(\mathrm{e}^{jkl_1}\mathrm{e}^{\alpha_1 l_1} + \mathrm{e}^{-jkl_1}\mathrm{e}^{-\alpha_1 l_1}) \end{bmatrix}$$

$$\times \begin{bmatrix} 1 & Z_0 \\ 0 & 1 \end{bmatrix} \begin{bmatrix} p_0 \\ u_0 \end{bmatrix}. \tag{4.3.1}$$

其中,平面声波在管内传播的衰减系数 $\alpha_n = 6.36 \times 10^{-4}\sqrt{f}/d_n$,单位为 mm^{-1},$Y_n = c_0/s_n$.

实验所用的两级突变截面驻波管管 2、管 1 分别采用表 4.1.1 中的 5 号管和 4 号管,其中 5 号管长 1052mm,4 号管长 1001mm. 实验中,为测量如图 4.2.1 所示的由管 2、管 1 组成的两级突变截面驻波管的声压传递函数,扬声器采用侧接方式,并采用稳态白噪声信号激励. 图 4.3.1 分别绘出了由传递矩阵(4.3.1)式计算得到的和由实际测量得到的声压传递函数理论值和实验值在频域上的分布,其中,图 4.3.1 (a)为传递函数幅值在频域上的分布,而图 4.3.1(b)为传递函数的相位角在频域上的分布. 由图 4.3.1 可以看出声压传递函数幅值和相位角的理论值与实验值吻合得非常好,尤其在低频段,频率高于 400Hz 后,随频率的增加,两者的差异也逐渐有所增加,并且从传递函数在频域上的分布可以清楚地看出共振频率不等间距地非均匀分布在频域上,高阶共振频率不是低阶共振频率的简单整数倍,两级突变截面驻波管确属失谐驻波管.

图 4.3.2 绘出了由传递矩阵(4.3.1)式计算得到声源端声阻抗率以及声阻率和声抗率在频域上的分布,声阻抗率的单位为 $\mathrm{kg/s \cdot m^2}$. 为表

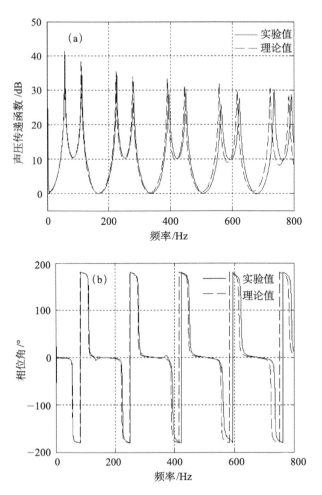

图 4.3.1　两级突变截面驻波管的实验结果

(a)传递函数幅值实验结果;(b)传递函数相位角实验结果

明共振时声源端的声阻抗特征,在图 4.3.2(b)中还标注出了根据图 4.3.1(a)得到的共振频率所在的位置. 从共振频率处的声阻抗率值可以看出,共振频率对应着的声阻抗率取最大值和最小值,分别对应半波长共振频率和 1/4 波长共振频率,并且共振频率处声抗率也取最大值和最小值,且最小值接近于零. 对照第 2 章 2.4 节关于驻波管共振频率的讨论可以看出两级突变截面驻波管阻尼确实很小.

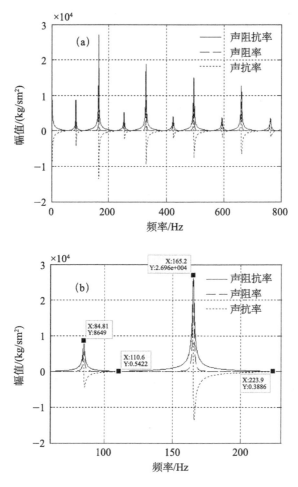

图 4.3.2　(a)两级突变截面驻波管声源端声阻抗率在频域上的分布；

(b)两级突变截面驻波管声源端声阻抗率在局部频域上的分布

4.3.2　多级突变截面驻波管的实验

为进一步对突变截面驻波管的声学特性进行深入的实验研究,接下来还对三级和四级突变截面驻波管的传递函数进行了实验研究. 为和上面的两级突变截面驻波管的实验结果进行对比,三级突变截面驻波管是上面实验所用的两级突变截面驻波管细管端再加了一级管径更小的驻波管连接而成的,所加的细管为表 4.1.1 中的 3 号管,长度为 998mm. 同样,四级又是在三级的基础上在细管端再加一级管径更小的驻波管,这时的细管已是表 4.1.1 中的 4 号管,长度为 982mm.

三级和四级突变截面驻波管传递函数的实验值在频域上的分布分别绘于图 4.3.3 和图 4.3.4,同时,图中还根据多级突变截面驻波管传递矩阵(3.3.2)式分别绘出了各自的传递函数在频域上的理论值.与两级时的情形一样,传递函数理论值和实验值在低频段吻合得非常好,但同样随着频率的增加,尤其是频率高于 400Hz 后,两者之间的差异逐

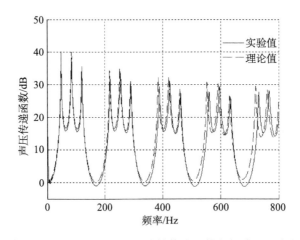

图 4.3.3 三级突变截面驻波管传递函数在频域上的分布

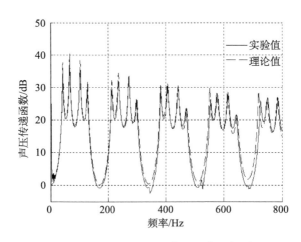

图 4.3.4 四级突变截面驻波管传递函数在频域上的分布

渐增加. 从三级和四级突变截面驻波管传递函数在频域上的分布也同样可以清楚地看出共振频率没有等间距地分布在频域上, 两者的失谐性同样一目了然, 而且有趣的是两级突变截面驻波管传递函数出现两共振峰相对集中的现象, 而三级、四级则是出现三峰、四峰相对集中的现象.

4.4　极高纯净非线性驻波场的获取及性质的实验研究[153]

上面通过实验对突变截面驻波管的声学特性进行了研究, 从中可以清楚地看出突变截面驻波管所固有声学特性, 即失谐性. 接下来, 将利用已建立起来的实验系统, 采用扬声器侧接的方式, 充分利用突变截面驻波管的失谐性来获取极高纯净非线性驻波场, 并对管内极高纯净驻波场的性质如非线性波形畸变、高次谐波饱和等进行相应的实验研究. 其中, 这里用到的扬声器为 McCauley6224, 而两级突变截面驻波管管 2、管 1 分别是表 4.1.1 中的 3 号管和 5 号管, 管长分别为 1217mm 和 981mm. 为作对比, 首先对仅由两级突变截面驻波管中的粗管即管 2 构成的等截面驻波管声学特性及其管内非线性驻波场进行了实验研究.

4.4.1　等截面驻波管及极高非线性驻波场的实验

4.4.1.1　等截面驻波管声压传递函数

图 4.4.1 所示是仅由两级突变截面驻波管粗管 (即管 2) 构成的等截面驻波管传递函数的实验值和由 (3.2.4) 式计算得到的理论值在频域上的分布, 实验值和理论值吻合得很好, 与上面研究过的突变截面驻波管一样, 两者的差别随频率的增加逐渐增加, 不同的是, 共振峰等间距地均

匀分布在频域上,图 4.4.1 标示出了前五阶共振峰的理论值坐标,由此可以清楚地看出,等截面驻波管的非失谐性,即高阶共振频率是一阶共振频率的整数倍.

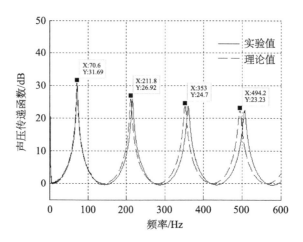

图 4.4.1　等截面驻波管管 2 传递函数在频域上的分布

4.4.1.2　等截面驻波管极高非线性驻波场

图 4.4.2 绘出了在一阶共振频率 70.6Hz 激励下,管 2 右端面声压级达到 172dB 时的频谱和时域波形. 从图 4.4.2(a)频谱可以看出,此时高次谐波可分为两类:一是频率与管 2 共振峰频率相同的高次谐波,即频谱所示的三次、五次等奇数次谐波,声压级分别为 150dB 和 129dB;二是频率为管 2 一阶共振频率偶数倍的高次谐波,即二次、四次等偶数次谐波,此时声压级均为 130dB. 从谐波声压级可以计算出高次谐波能量与基波能量相比已超过了 0.82%. 从图 4.4.2(b)的时域波形可以看出,172dB 时管 2 右端面处的波形畸变已经比较明显,并且还可以看出此时的时域波形整体向上移动,声压幅值最大值为 13.0kPa,而最小值为 −12.9kPa.

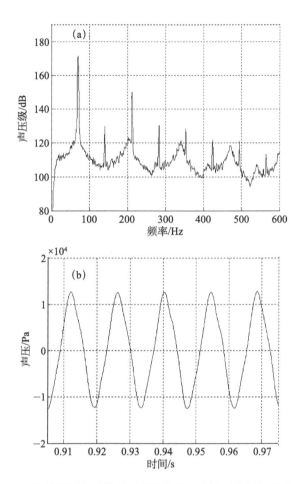

图 4.4.2　一阶共振频率下等截面驻波管管 2 右端面声压级达到 172dB 时

(a)频谱;(b)时域波形

4.4.2　两级突变截面驻波管及极高非线性驻波场的实验

4.4.2.1　两级突变截面驻波管传递函数

图 4.4.3 分别绘出了由实际测量得到的和由(3.2.4)式计算得到的两级突变截面驻波管声压传递函数理论值和实验值在频域上的分布.由图 4.4.3 可以看出,声压传递函数的理论值与实验值在频率小于 200Hz

的低频段吻合得很好,200～400Hz 存在一些差异,差异主要出现在共振频率之外的频域上,频率高于 400Hz 后共振频率和声压传递函数值都存在一定的差异.实验主要集中在 400Hz 以下的低频段,这些差异对实验不会带来太大的影响.

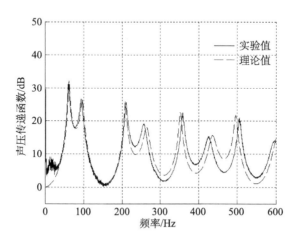

图 4.4.3　两级突变截面驻波管声压传递函数在频域上的分布

表 4.4.1 给出了两级突变截面驻波管的前六阶共振频率及其声压传递函数的理论值和实验值.由表 4.4.1 可以看出,前六阶共振频率及其声压传递函数的理论值和实验值吻合得很好,最大差异出现在四阶共振频率下的声压传递函数值上.四阶共振频率及其声压传递函数的理论值分别为 264.8Hz 和 18.2dB,而实验值分别为 257.5Hz 和 19.1dB,声压传递函数值差异为 4.7%.其他情形下共振频率及其声压传递函数的理论值和实验值的差异都小于 2.8%.可以从表 4.4.1 清楚地看出此时的两级突变截面驻波管的失谐性.

表 4.4.1　两级突变截面驻波管共振频率及其声压传递函数值

阶次	理论值		实验值	
	共振频率/Hz	传递函数/dB	共振频率/Hz	传递函数/dB
1	61.8	32.1	60.5	31.7
2	96.1	26.5	93.6	26.7

阶次	理论值		实验值	
	共振频率/Hz	传递函数/dB	共振频率/Hz	传递函数/dB
3	208.8	25.8	211.1	25.5
4	264.8	18.2	257.5	19.1
5	353.5	22.6	359.1	22.4
6	436.6	15.7	425.6	15.2

4.4.2.2 两级突变截面驻波管极高非线性驻波场

1. 两级突变截面驻波管声压与激励电压的关系

图 4.4.4 绘出了一阶共振频率激励下单级等截面驻波管管 2 和两级突变截面驻波管右端面声压级随驱动电压的增长情况,其中,等截面驻波管管 2 和两级突变截面驻波管的一阶共振频率分别为 70.6Hz 和 60.5Hz. 可以看出,右端面两者的声压级随驱动电压的增加近似呈线性增加,两级突变截面驻波管增加的幅度略大于管 2 单级等截面驻波管;同时还可看出,在较高的驱动电压下,两级突变截面驻波管右端面的声压级均大于管 2 等截面驻波管右端面的声压级 4dB 以上.

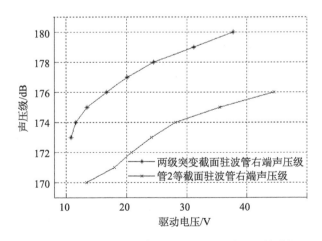

图 4.4.4 一阶共振频率下声压级随驱动电压的增长

2. 一阶共振频率下的极高纯净驻波场及其谐波特性

表 4.4.1 理论值和实验值都表明以一阶共振频率激励时可以获得最大的声压传递函数值,从而在两级突变截面驻波管右端面获得声压级较高的驻波场. 实验确实在一阶共振频率 60.5Hz 激励下在两级突变截面驻波管右端面获得了 180dB 的极高驻波场. 图 4.4.5(a)、(b) 分别给出了此时两级突变截面驻波管左、右两端面处的时域波形. 从图 4.4.1 可以看出尽管两级突变截面驻波管右端面的声压级已经达到 180dB 的极高声压,而且两级突变截面驻波管左端面的声波波形畸变已很厉害,

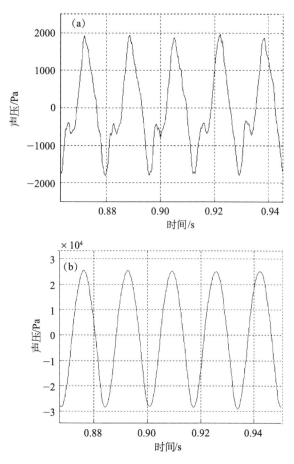

图 4.4.5　一阶共振频率下两级突变截面驻波管两端面声波时域波形

(a)左端面;(b)右端面

但两级突变截面驻波管右端面的声波波形仍保持非常规整的正弦波波形. 由图 4.4.5(b) 与图 4.4.2(b) 比较后可以发现,与仅由管 2 组成的驻波管右端面声场不同,此时的声压波形整体向下移,声压幅值最大值和最小值分别为 25.7kPa 和 −29.4kPa,都已超过静态标准大气压的 1/4,由此计算出的质点速度峰值最大超过了 70m/s,可以看出此时声场的极端非线性.

图 4.4.6 所示为右端面声压级为 180dB 时两级突变截面驻波管两端面所测得的声波频谱. 此时,两级突变截面驻波管左端面在一阶共振频率激励下基波声压为 153dB,其二次和三次谐波声压级分别为 143dB

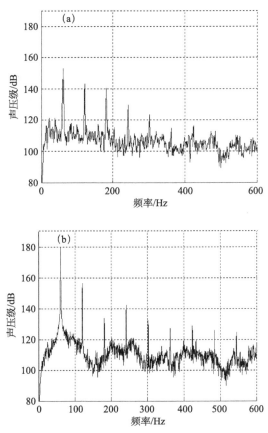

图 4.4.6　一阶共振频率下两级突变截面驻波管两端面声波频谱

(a)左端面;(b)右端面

和 140dB,与基波相差 10dB 和 13dB,二次、三次谐波能量是基波的 10%
和 5%;相比而言,两级突变截面驻波管右端面在一阶共振频率激励下
基波声压级虽然已经达到 180dB,二次和三次谐波声压级分别为 156dB
和 134dB,与基波相比却相差 24dB 和 46dB,二次、三次谐波的能量只是
基波能量的 0.4% 和 0.0025%.从两级突变截面驻波管两端面的频谱还
可看出,左端面的高次谐波声压级依次减小,而右端面的高次谐波表现
出了与图 4.4.2(a)所示的相同特性,即奇数次、偶数次高次谐波声压级
分别依次减小.

图 4.4.7(a)、(b)分别给出了一阶共振频率 60.5Hz 激励下两级突

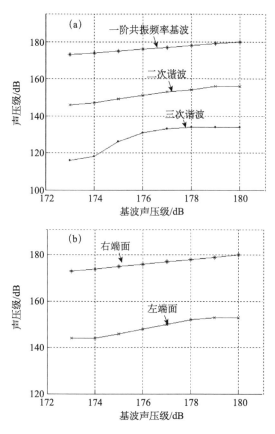

图 4.4.7 (a)一阶共振频率下两级突变截面驻波管右端面谐波;

(b)一阶共振频率下两级突变截面驻波管两端面声压传递关系

变截面驻波管右端面的谐波增长情况及其两级突变截面驻波管两端面的声压传递关系. 由图 4.4.7(a)可以看出,随着基波声压级的增加,两级突变截面驻波管右端面二次和三次谐波的声压级都有所增加,但直到基波声压级达到 180dB 时,二次、三次谐波均未出现饱和迹象. 图 4.4.7(b)显示,两级突变截面驻波管两端面的声压级同步增加,两者相差 27dB 左右,与表 4.4.1 给出的声压传递函数理论值 32.1dB、实验值 31.7dB 相比,差别分别为 5.1dB 和 4.7dB.

3. 高阶共振频率下的驻波场及其谐波特性

图 4.4.8(a)给出了在二阶共振频率 93.6Hz 激励下两级突变截面驻波管右端面的谐波增长情况. 从图 4.4.8(a)可以看出,与一阶共振频率下的图 4.4.7(a)一样,随着基波声压级的增加,二次、三次谐波声压级也随之增加,直到基波声压级达到 177dB 时,同样未出现饱和迹象;不同的是,此时二次和三次谐波声压级分别随基波增加的幅度基本上是相同的. 图 4.4.8(b)是二阶共振频率激励下两级突变截面驻波管右端面声压级为 177dB 的时域波形,可以看出 177dB 极高声压下的二阶共振频率时域波形仍然较好地保持正弦波波形.

图 4.4.9(a)、(b)分别给出了在三阶共振频率 211.1dB 激励下两级突变截面驻波管右端面的谐波增长情况和 170dB 时域波形. 由图 4.4.9(a)可以看出,随着三阶共振频率基波声压级的增加,两级突变截面驻波管右端面二次和三次谐波都表现出明显的饱和趋势. 三阶共振频率基波声压级是 155dB 时,二次、三次谐波分别是 134dB 和 107dB,与基波相比分别相差 21dB 和 48dB;当三阶共振频率基波声压级增加到 170dB 时,二次、三次谐波跟着增加到 162dB 和 152dB,与基波相比此时声压差分别减小到 8dB 和 18dB. 由图 4.4.9(b)所示时域波形可以看出此时波形畸变已很明显,谐波能量已接近基波能量的

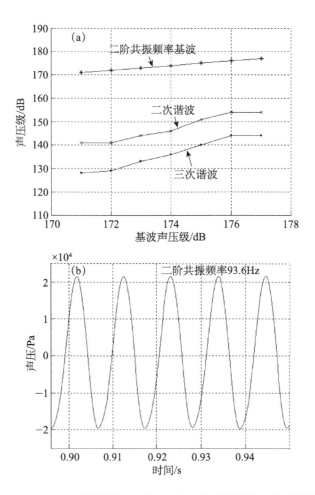

图 4.4.8　(a)二阶共振频率下两级突变截面驻波管右端面谐波；

(b)二阶共振频率下两级突变截面驻波管右端面 177dB 时域波形

18%;而且波形畸变不同于单级驻波管内的大振幅驻波畸变成锯齿波,畸变形状更为复杂[153].分析原因,三阶共振频率下谐波出现饱和是因为三阶共振频率 211.1Hz 的倍频即二次谐波频率 422.2Hz非常接近两级突变截面驻波管六阶共振频率 425.8Hz,倍频和六阶共振频率下的声压传递函数值分别为 14.4dB 和 15.2dB,也非常接近.

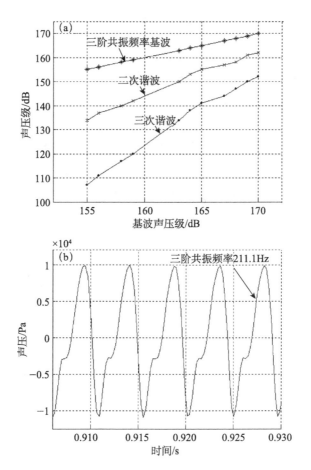

图 4.4.9　(a)三阶共振频率下两级突变截面驻波管右端面谐波；
(b)三阶共振频率下两级突变截面驻波管右端面 170dB 时域波形

4.5　两级突变截面驻波管获取极高纯净
驻波场进一步的实验研究

　　上面采用扬声器侧接以模拟活塞声源的方式,利用两级突变截面驻波管获得了 180dB 的极高纯净非线性驻波场,这充分表明突变截面驻波管及其失谐性在抑制高次谐波的增长和波形畸变方面的重要作用. 为进一步了解突变截面驻波管在获取极高纯净驻波场方面的重要意义,接下来将采用扬声器正接方式对两级突变截面驻波管获取极高纯净驻波场做进一步的实验研究. 这里采用的扬声器为 McCauley2010,除扬声器连接方式不同外,所选用的系统与 4.4 节所使用的系统完全一样.

4.5.1　一阶共振频率下的极高纯净驻波场及其谐波特性

图 4.5.1(a)、(b)所示分别为一阶共振频率 60.5Hz 激励下两级突

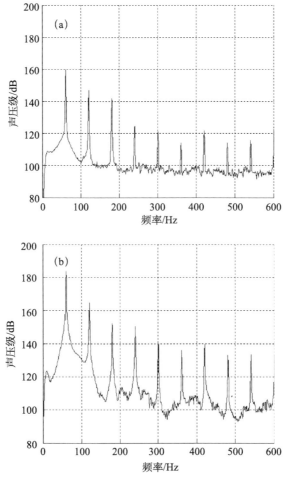

图 4.5.1　一阶共振频率下两级突变截面驻波管两端面声波频谱

(a)左端面;(b)右端面

变截面驻波管右端面声压级达到 184dB 时两端面测得的频谱. 从图 4.5.1(a)、(b)可以看出,左、右端面处的高次谐波声压级依次减小. 此时,左端面基波声压级为 160dB,二次、三次谐波声压级分别为 147dB 和 142dB,与基波相差 13dB 和 18dB,二次和三次谐波能量分别是基波的 5.01% 和 1.58%,波形畸变达到 34.98%;对于右端面,基波声压级虽然已经达到 184dB,二次、三次谐波声压级分别为 165dB 和 152dB,与基波相比相差 19dB 和 32dB,二次和三次谐波的能量却只是基波能量的 1.26% 和 0.06%,波形畸变仅为 13.7%.

　　图 4.5.2(a)、(b)分别给出了一阶共振频率激励下两级突变截面驻

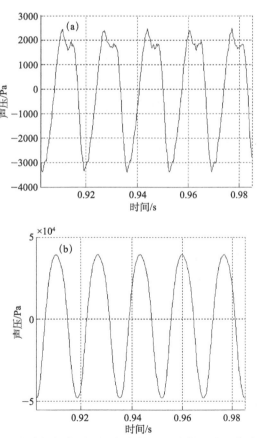

图 4.5.2　一阶共振频率下两级突变截面驻波管两端面声波时域波形

(a)左端面;(b)右端面

波管右端面声压级达到 184dB 时两端面处测得的时域波形. 从图 4.5.2 (a)、(b)可以看出,尽管左端面的声波波形畸变已很厉害,右端面的声压级已经达到 184dB 的极高声压级,但右端面的声波波形仍保持比较规整的正弦波波形. 此时,相对于静态气压,声波波形整体向下平移了 8kPa,声压幅值的绝对值最大达到 47.9kPa,接近静态标准大气压的 1/2,由此计算出的质点速度最大峰值为 119.8m/s,超过了声速的 1/3,管内声场已处于极端非线性.

4.5.2　高阶共振频率下的驻波场及其谐波特性

图 4.5.3 分别给出了二至五阶共振频率激励下的高次谐波增长情况,其中,二至五阶共振频率依次分别为 92.3Hz、208.6Hz、254.6Hz 和 355Hz. 由图 4.5.3 可以看出,随着基波声压级的提高,二至五阶共振频率激励下的高次谐波声压级也都随之增加,但增长的情况各不相同. 比较而言,可把高次谐波增长情况分为两类:一是二阶和四阶共振频率激励下高次谐波的增长,高次谐波均未出现饱和现象;二是三阶和五阶共振频率激励下的高次谐波的增长,高次谐波都出现了饱和现象. 对于二阶和四阶共振频率,当声压级分别达到 180dB 和 166dB 时,从图 4.5.3(a)、(c)可以看出,二阶共振频率下的二次、三次谐波声压级分别为 161dB 和 154dB,分别是基波能量的 1.26% 和 0.25%;而四阶共振频率下的二次、三次谐波分别为 135dB 和 131dB,分别是基波能量的 0.08% 和 0.03%.

就三阶和五阶共振频率而言,由图 4.5.3(b)、(d)可以看出,当基波声压级增加时,高次谐波随着快速增加. 在三阶共振频率激励下,起初基波声压级为 158dB 时,二次、三次谐波声压级分别是 142dB 和 124dB,分别是基波能量的 2.51% 和 0.04%;而当基波声压级增加到

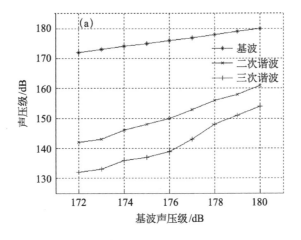

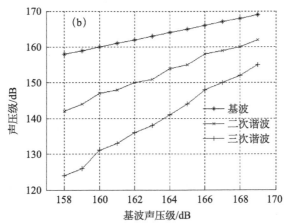

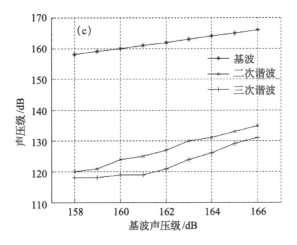

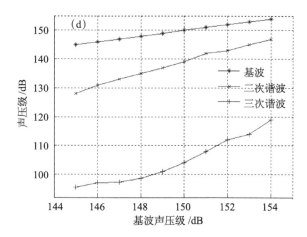

图 4.5.3　高阶共振频率下两级突变截面驻波管右端面谐波

(a)二阶 92.3Hz；(b)三阶 208.6Hz；(c)四阶 254.6Hz；(d)五阶 355Hz

166dB 时，二次、三次谐波声压级也随之增加到 158dB 和 148dB，其能量与基波能量相比分别增加到 15.8％和 1.58％.对于五阶共振频率，开始基波声压级为 145dB 时，二次、三次谐波声压级分别为 128dB 和 95.6dB，是基波能量的 2.0％和 0.001％；当基波声压级增加到 154dB 时，二次、三次谐波声压级分别为 147dB 和 119dB，达到基波能量的 20％ 和 0.03％.

　　图 4.5.4 给出了二至五阶共振频率激励下声压级分别达到 180dB、166dB、166dB 和 154dB 时的时域波形.对于未出现饱和现象的二阶共振频率，从图 4.5.4(a)可以看出，二阶共振频率下的时域波形出现了一定的畸变.与一阶共振频率下 184dB 时的声场对比后可以发现，两者二次谐波能量均为基波能量的 11.2％，但三次谐波能量在一阶共振频率下为基波能量的 0.06％，而在二阶共振频率下增加到 0.25％，由于这一差异，波形畸变从一阶共振频率时的 13.7％增加到了现在的 16.2％.由时域波形图 4.5.2(b)和图 4.5.4(a)对比可以直观地看出波形畸变程度的不同.对于同样未出现饱和现象的四阶共振频率，从图 4.5.4(c)可以看

出,时域波形仍是比较规整的正弦波波形,畸变仅为 4.6%.

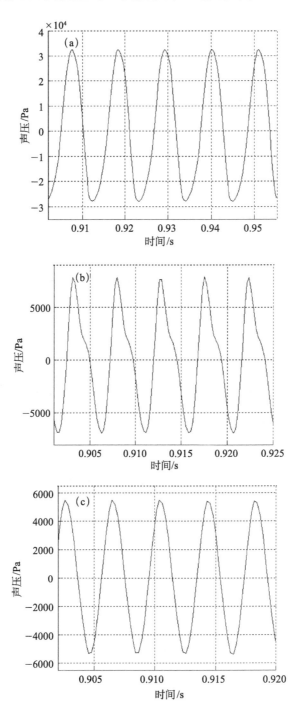

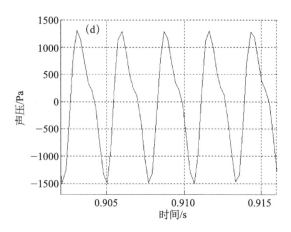

图 4.5.4 高阶共振频率下两级突变截面驻波管右端面声波时域波形

(a)二阶 180dB;(b)三阶 166dB;(c)四阶 166dB;(d)五阶 154dB

对于出现饱和现象的三阶和五阶共振频率,当基波声压级分别达到 166dB、154dB 时,波形畸变已经分别达到 52.4% 和 46.5%. 从图 4.5.4 (b)、(d)可以清楚地看出,此时时域波形畸变成了类似于单级驻波管内的大振幅驻波畸变后得到的锯齿波[153]. 三阶、五阶共振频率的倍频即各自的二次谐波频率 417.2Hz 和 710Hz 分别接近六阶共振频率实验值 422.5Hz 和声压级传递函数实验值谷值频率 699.6Hz. 三阶共振频率倍频处的声压级传递函数实验值是 12.7dB,六阶共振频率处的是 13.8dB,两者很接近;而五阶共振频率倍频处声压级传递函数实验值是 0.84dB,谷值处的是 0.39dB,两者同样也很接近.

第5章　渐变截面失谐驻波管

5.1 引　　言

由前面的研究可以看出,突变截面驻波管具有很好的失谐性,即高阶共振频率不是一阶共振频率的整数倍,从而有效地抑制了管内高次谐波的增长,并且与开口端声源辐射声压相比,在封闭端能够获得更高的声压.利用突变截面驻波管这些良好的声学特性,在扬声器的驱动下在一阶共振频率下获得 180dB 及以上的极高纯净非线性驻波场[153].

值得注意的是,随着突变截面驻波管管内声压级的提高,管内质点振动速度会随声压级的提高呈现指数形式的增加,当声压级提高到一定程度时,这势必会在突变截面处产生较强的涡流,从能量的角度来看,此时会带来能量的较大损耗.在这一章里我们将对渐变截面失谐驻波管进行研究,所研究的渐变截面失谐驻波管包括指数形、锥形、三角函数形和双曲(悬链)形.

指数形、锥形、双曲形等形状的渐变截面声学器件在声学领域并不陌生,在超声领域,常常利用超声变幅杆对振速幅值的放大作用来对超声能量进行会聚,从而实现超声的工业应用,如焊接、粉碎等.为使变幅杆对超声能量的高效会聚和自身的高强度,变幅杆的形状常常就采用截面渐变的指数形、锥形、双曲形等[191].而在非线性声学和热声学领域,为对大振幅非线性声场进行研究以及获得大振幅非畸变声场,所使用的驻波管也常常采用截面渐变的指数形、锥形、三角函数形和双曲形等形状[17,102,150].

在超声领域,以往主要采用模态分析法对指数形、锥形和双曲形等渐变截面变幅杆的声学性质进行研究,但在计算由多级杆连接而成的复合变幅杆的频率方程即共振条件和两端声学量的传递关系如质点速度幅值放大系数时,模态分析法却显得比较麻烦,所得公式也往往比较复杂[191].而在非线性声学和热声学领域,基本采用数值方法对指数形、锥形、三角函数形和双曲形等渐变截面驻波管的声学特性进行研究,这使得物理图像不够清晰[102,104].

接下来,我们将统一采用传递矩阵法对指数形、锥形、三角函数形和双曲形渐变截面驻波管以及由它们组成的多级驻波管声学性质尤其是失谐性进行研究.与突变截面驻波管情形一样,通过传递矩阵可以非常方便地求出单级或多级渐变截面驻波管的共振条件,而建立在传递矩阵基础上的传递函数可以非常方便地数值求解出渐变截面驻波管共振频率以及两端面处声学量如声压级的传递关系等.尽管渐变截面变幅杆和驻波管是不同的声学器件,分属不同的领域,但其中的声场控制方程是相同的,研究方法可以互通,所以在渐变截面驻波管中使用的传递矩阵法完全可以推广应用于对渐变截面变幅杆的研究.

5.2　渐变截面驻波管

与前面介绍的突变截面驻波管截面积沿轴向有突变不同,这里研究的渐变截面驻波管的截面为圆形,截面积 $S(x)$ 随轴向坐标 x 连续变化,截面积 $S(x)$ 可以表示为

$$S(x)=Af(x,\delta). \tag{5.2.1}$$

其中,A 为常数;δ 称为形状因子.由此可见,渐变截面驻波管截面半径

$r(x)=\sqrt{S(x)/\pi}$ 也同样随轴向坐标 x 连续变化,如果 $r(x)$ 能够用简单的函数来描述,如指数函数和三角函数等,则这样的渐变截面驻波管即被称为指数形驻波管和三角函数形驻波管.下面就指数形、锥形、三角函数形和双曲形渐变截面驻波管进行具体的介绍.

5.2.1　渐变截面驻波管的具体管形

5.2.1.1　指数形

指数形渐变截面驻波管如图 5.2.1 所示,截面积为

$$S_{e}(x)=S_{e大}e^{\delta_{e}x}. \tag{5.2.2a}$$

$S_{e大}$ 为大口端截面积 $\pi d_{e大}^{2}$,形状因子 δ_{e} 为

$$\delta_{e}=\frac{2}{l_{e}}\ln(d_{e小}/d_{e大}). \tag{5.2.2b}$$

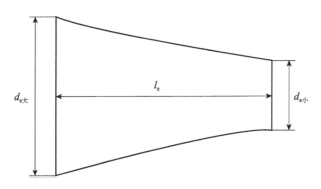

图 5.2.1　指数形渐变截面驻波管

5.2.1.2　锥形

锥形渐变截面驻波管如图 5.2.2 所示,截面积变化满足

$$S_{c}(x)=S_{c大}(1-\delta_{c}x)^{2}. \tag{5.2.3a}$$

形状因子 δ_{c} 为

$$\delta_c = \frac{d_{c大} - d_{c小}}{d_{c大} l_c}.\tag{5.2.3b}$$

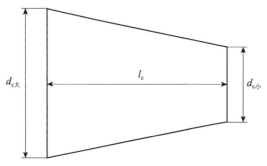

图 5.2.2　锥形渐变截面驻波管

5.2.1.3　三角函数形

三角函数形渐变截面驻波管如图 5.2.3 所示,这里渐变截面驻波管为余弦形驻波管,截面积为

$$S_t(x) = S_{t大} \cos^2(\delta_t x).\tag{5.2.4a}$$

形状因子 δ_t 为

$$\delta_t = \frac{1}{l_t} \arccos(d_{t小}/d_{t大}).\tag{5.2.4b}$$

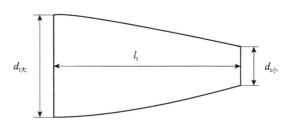

图 5.2.3　三角函数形渐变截面驻波管

5.2.1.4　双曲形

双曲形渐变截面驻波管如图 5.2.4 所示,截面积满足

$$S_{\mathrm{h}}(x) = S_{\mathrm{h大}}\mathrm{ch}^2(\delta_{\mathrm{h}}x).\qquad(5.2.5\mathrm{a})$$

形状因子 δ_{t} 为

$$\delta_{\mathrm{h}} = \frac{1}{l_{\mathrm{h}}}\mathrm{ch}^{-1}\left(\frac{r_{\mathrm{h小}}}{r_{\mathrm{h大}}}\right).\qquad(5.2.5\mathrm{b})$$

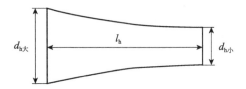

图 5.2.4　双曲形渐变截面驻波管

5.2.2　渐变截面驻波管内声场满足的方程

渐变截面驻波管内传播的声波波阵面随驻波管截面 $S(x)$ 变化而变化, 声波满足 Webster 波动方程(Webster horn equation)[184,192]

$$\frac{\partial^2 p}{\partial x^2} + \left[\frac{\partial \ln S(x)}{\partial x}\right]\frac{\partial p}{\partial x} = \frac{1}{c_0^2}\frac{\partial^2 p}{\partial t^2}.\qquad(5.2.6)$$

令 $p = p(x)\mathrm{e}^{\mathrm{i}\omega t}$, 由(5.2.6)式可得变系数常微分方程

$$\frac{\partial^2 p(x)}{\partial x^2} + \frac{S'}{S(x)}\frac{\partial p(x)}{\partial x} + k^2 p(x) = 0.\qquad(5.2.7)$$

式中, $S' = \mathrm{d}S(x)/\mathrm{d}x$. 其解可设为

$$p(x) = B(x)\mathrm{e}^{\pm\mathrm{j}Kx}.\qquad(5.2.8)$$

这里, $B(x)$ 和 K 为待定系数, 代入(5.2.7)式可得

$$\left[B''(x) + \frac{S'}{S(x)}B'(x) + (k^2 - K^2)B(x)\right] \pm \mathrm{j}\left[2KB'(x) + K\frac{S'}{S(x)}B(x)\right] = 0.$$

$$(5.2.9)$$

(5.2.9)式实部、虚部为零, 得

$$\begin{cases} B''(x) + \dfrac{S'}{S(x)}B'(x) + (k^2 - K^2)B(x) = 0, \\[2mm] 2B'(x) + \dfrac{S'}{S}B(x) = 0. \end{cases}\qquad(5.2.10)$$

对于圆形截面,$S=\pi r^2$,$S'/S=2r'/r$,于是有

$$\begin{cases} B(x)=\dfrac{1}{r}, \\[2mm] K^2=k^2-\dfrac{r''}{r}. \end{cases} \qquad (5.2.11)$$

由(5.2.8)式和(5.2.11)式得到渐变截面驻波管内的声场满足

$$p(x,t)=p_{Ai}\frac{1}{B(x)}e^{i(\omega t-Kx)}+p_{Ar}\frac{1}{B(x)}e^{i(\omega t+Kx)}. \qquad (5.2.12a)$$

其中,p_{Ai}、p_{Ar}为待定常数,第一项为沿轴向 x 正方向传播的前进波,而第二项为沿 x 负方向传播的反射波.管内质点振动速度满足

$$v(x,t)=-\frac{p_{Ai}}{\rho_0}\int\frac{\partial\left[e^{i(\omega t-Kx)}/B(x)\right]}{\partial x}\mathrm{d}t-\frac{p_{Ar}}{\rho_0}\int\frac{\partial\left[e^{i(\omega t+Kx)}/B(x)\right]}{\partial x}\mathrm{d}t.$$

$$(5.2.12b)$$

5.2.3　渐变截面驻波管内驻波和质点速度的表达式

(5.2.12a)、(5.2.12b)式给出了任意形状渐变截面驻波管内的声场和质点速度的一般表达式,由此可以通过计算得到指数形、锥形、三角函数形和双曲形渐变截面驻波管内具体的驻波和质点速度的表达式,下面分别予以介绍.

指数形

$$p(x,t)=p_{Ai}e^{-\frac{\delta_e}{2}x}e^{j(\omega t-k_e x)}+p_{Ar}e^{-\frac{\delta_e}{2}x}e^{j(\omega t+k_e x)}, \qquad (5.2.13a)$$

$$v(x,t)=p_{Ai}\frac{\dfrac{\delta_e}{2}+jk_e}{jk\rho_0 c_0}e^{-\frac{\delta_e}{2}x}e^{j(\omega t-k_e x)}+p_{Ar}\frac{\dfrac{\delta_e}{2}-jk_e}{jk\rho_0 c_0}e^{-\frac{\delta_e}{2}x}e^{j(\omega t+k_e x)}.$$

$$(5.2.13b)$$

其中,$k_e=\sqrt{k^2-(\delta_e/2)^2}$.

锥形

$$p(x)=p_{Ai}(1-\delta_c x)^{-1}e^{j(\omega t-kx)}+p_{Ar}(1-\delta_c x)^{-1}e^{j(\omega t+kx)},$$

$$(5.2.14a)$$

$$v(x,t)=-p_{Ai}\frac{[\delta_c\,(1-\delta_c x)^{-2}-jk\,(1-\delta_c x)^{-1}]}{jk\rho_0 c_0}e^{j(\omega t-kx)}$$

$$-p_{Ar}\frac{[\delta_c\,(1-\delta_c x)^{-2}+jk\,(1-\delta_c x)^{-1}]}{jk\rho_0 c_0}e^{j(\omega t+kx)}.$$

$$(5.2.14b)$$

由(5.2.14)式可以看出,对于锥形渐变截面驻波管波数 k 与等截面驻波管相同.

三角函数形

$$p(x,t)=p_{Ai}\cos^{-1}(\delta_t x)e^{j(\omega t-k_t x)}+p_{Ar}\cos^{-1}(\delta_t x)e^{j(\omega t+k_t x)},$$

$$(5.2.15a)$$

$$v(x,t)=-p_{Ai}\frac{[\cos^{-2}(\delta_t x)\sin(\delta_t x)\delta_t-(jk_t)\cos^{-1}(\delta_t x)]}{jk\rho_0 c_0}e^{j(\omega t-k_t x)}$$

$$-p_{Ar}\frac{[\cos^{-2}(\delta_t x)\sin(\delta_t x)\delta_t+(jk_t)\cos^{-1}(\delta_t x)]}{jk\rho_0 c_0}e^{j(\omega t+k_t x)}.$$

$$(5.2.15b)$$

其中,$k_t=\sqrt{k^2+\delta_t^2}$.

双曲形

$$p(x,t)=p_{Ai}\{ch[\delta_h(l_h-x)]\}^{-1}e^{j(\omega t-k_h x)}+p_{Ar}\{ch[\delta_h(l_h-x)]\}^{-1}e^{j(\omega t+k_h x)},$$

$$(5.2.16a)$$

$$v(x,t)=-p_{Ai}\frac{\langle\{ch[\delta_h(l_h-x)]\}^{-2}sh[\delta_h(l_h-x)]\delta_h-jk_h\{ch[\delta_h(l_h-x)]\}^{-1}\rangle}{jk\rho_0 c_0}e^{j(\omega t-k_h x)}$$

$$-p_{Ar}\frac{\langle\{ch[\delta_h(l_h-x)]\}^{-2}sh[\delta_h(l_h-x)]\delta_h+(jk_h)\{ch[\delta_h(l_h-x)]\}^{-1}\rangle}{jk\rho_0 c_0}e^{j(\omega t+k_h x)}.$$

$$(5.2.16b)$$

其中,$k_h = \sqrt{k^2 - \delta_h^2}$.

5.3　渐变截面驻波管传递矩阵

5.3.1　渐变截面驻波管传递矩阵的一般表达式

因为任意形状渐变截面驻波管内声场和质点速度满足(5.2.12a)和(5.2.12b)式,在考虑了衰减的情况下,可以得到任意形状渐变截面驻波管两端面处的声压和质点速度分别为

入射端 $x=0$ 处

$$p_1(0,0) = M(0)p_{Ai} + m(0)p_{Ar},\qquad(5.3.1a)$$

$$v_1(0,0) = N(0)p_{Ai} + n(0)p_{Ar}.\qquad(5.3.1b)$$

反射端 $x=l$ 处

$$p_0(l,0) = M(l)e^{-jKl}e^{-\alpha l}p_{Ai} + m(l)e^{jKl}e^{\alpha l}p_{Ar},\qquad(5.3.2a)$$

$$v_0(l,0) = N(l)e^{-jKl}e^{-\alpha l}p_{Ai} + n(l)e^{jKl}e^{\alpha l}p_{Ar}.\qquad(5.3.2b)$$

从而可以得到连接两端面处的声压和质点速度的传递矩阵的一般表达式为

$$\begin{bmatrix} p_0(l,0) \\ v_0(l,0) \end{bmatrix} = \begin{bmatrix} Fp11e^{-jKl}e^{-\alpha l}+Fp12e^{jKl}e^{\alpha l} & -(Fp21e^{-jKl}e^{-\alpha l}+Fp22e^{jKl}e^{\alpha l}) \\ Fv11e^{-jKl}e^{-\alpha l}+Fv12e^{jKl}e^{\alpha l} & -(Fv21e^{-jKl}e^{-\alpha l}+Fv22e^{jKl}e^{\alpha l}) \end{bmatrix} \begin{bmatrix} p_1(0,0) \\ v_1(0,0) \end{bmatrix}.$$

$$(5.3.3)$$

书中所研究的渐变截面驻波管两端面处声压系数满足 $M(0)=m(0)$ 和 $M(l)=m(l)$,所以(5.3.3)式中的矩阵元包含的系数分别为

$$Fp11 = \frac{M(l)M(0)^{-1}}{1-N(0)n(0)^{-1}},\quad Fp12 = \frac{M(l)M(0)^{-1}}{1-n(0)N(0)^{-1}},$$

$$Fp21 = \frac{M(l)}{n(0)-N(0)},\quad Fp22 = \frac{M(l)}{N(0)-n(0)};$$

而

$$Fv11=\frac{N(l)m\,(0)^{-1}}{1-N(0)n\,(0)^{-1}},\quad Fv12=\frac{n(l)M\,(0)^{-1}}{1-n(0)N\,(0)^{-1}},$$

$$Fv21=\frac{N(l)n\,(0)^{-1}}{1-N(0)n\,(0)^{-1}},\quad Fv22=\frac{n(l)N\,(0)^{-1}}{1-n(0)N\,(0)^{-1}}.$$

这里，α 为衰减系数，满足 $\alpha=6.36\times10^{-4}\sqrt{f}/d_{\text{average}}$，$d_{\text{average}}$ 为渐变截面驻波管的平均直径.

5.3.2　渐变截面驻波管传递矩阵的具体表达式

(5.2.13a)～(5.2.16b)式给出了指数形、锥形、三角函数形和双曲形渐变截面驻波管的声场和质点速度的具体表达式，根据传递矩阵的一般表达式(5.3.3)式，可以得到这四种渐变截面驻波管的传递矩阵的具体表达式为

指数形

$$\begin{bmatrix}p_0\,(l_e,0)\\[2pt]v_0\,(l_e,0)\end{bmatrix}=\begin{bmatrix}-\left[F_{Ai}\,(F_{Ar}-F_{Ai}\,)^{-1}e^{-\frac{\delta_e}{2}l_e-jk_el_e}e^{-\alpha_el_e}+F_{Ar}\,(F_{Ai}-F_{Ar}\,)^{-1}e^{-\frac{\delta_e}{2}l_e+jk_el_e}e^{\alpha_el_e}\right]\\[6pt]-\left[F_{Ai}^{2}\,(F_{Ar}-F_{Ai}\,)^{-1}e^{-\frac{\delta_e}{2}l_e-jk_el_e}e^{-\alpha_el_e}+F_{Ar}^{2}\,(F_{Ai}-F_{Ar}\,)^{-1}e^{-\frac{\delta_e}{2}l_e+jk_el_e}e^{\alpha_el_e}\right]\end{bmatrix}$$

$$\begin{bmatrix}(F_{Ai}-F_{Ar}\,)^{-1}e^{-\frac{\delta_e}{2}l_e-jk_el_e}e^{-\alpha_el_e}+(F_{Ar}-F_{Ai}\,)^{-1}e^{-\frac{\delta_e}{2}l_e+jk_el_e}e^{\alpha_el_e}\\[6pt]F_{Ai}\,(F_{Ai}-F_{Ar}\,)^{-1}e^{-\frac{\delta_e}{2}l_e-jk_el_e}e^{-\alpha_el_e}+F_{Ar}\,(F_{Ar}-F_{Ai}\,)^{-1}e^{-\frac{\delta_e}{2}l_e+jk_el_e}e^{\alpha_el_e}\end{bmatrix}\begin{bmatrix}p_1\,(0,0)\\[2pt]v_1\,(0,0)\end{bmatrix}.$$

$$(5.3.4)$$

其中

$$F_{Ai}=\frac{\left(\dfrac{\delta_e}{2}+jk_e\right)}{jk\rho_0c_0},\quad F_{Ar}=\frac{\left(\dfrac{\delta_e}{2}-jk_e\right)}{jk\rho_0c_0}.$$

锥形

$$\begin{bmatrix}p_0\,(l_c,0)\\[2pt]v_0\,(l_c,0)\end{bmatrix}=\begin{bmatrix}-(F_{Aip}F_p e^{-jkl_c}e^{-\alpha_cl_c}+F_{Arp}F_p e^{jkl_c}e^{\alpha_cl_c})&F_{Aiv}F_p e^{-jkl_c}e^{-\alpha_cl_c}+F_{Arv}F_p e^{jkl_c}e^{\alpha_cl_c}\\[6pt]-(F_{Aip}F_{vi}e^{-jkl_c}e^{-\alpha_cl_c}+F_{Arp}F_{vr}e^{jkl_c}e^{\alpha_cl_c})&F_{Aiv}F_{vi}e^{-jkl_c}e^{-\alpha_cl_c}+F_{Arv}F_{vr}e^{jkl_c}e^{\alpha_cl_c}\end{bmatrix}$$

$$\begin{bmatrix} p_1(0,0) \\ v_1(0,0) \end{bmatrix}.$$

（5.3.5）

其中

$$F_{Aip}=\left[\frac{(-\delta_c+jk)}{(-\delta_c-jk)}-1\right]^{-1}, \quad F_{Aiv}=\frac{jk\rho_0 c_0}{(-\delta_c-jk)}F_{Aip};$$

$$F_{Arp}=\left[\frac{(-\delta_c-jk)}{(-\delta_c+jk)}-1\right]^{-1}, \quad F_{Arv}=\frac{jk\rho_0 c_0}{(-\delta_c+jk)}F_{Arp};$$

$$F_p=(1-\delta_c l_c)^{-1};$$

$$F_{vi}=\frac{[-\delta_c F_p^2+jkF_p]}{jk\rho_0 c_0}; \quad F_{vr}=\frac{[-\delta_c F_p^2-jkF_p]}{jk\rho_0 c_0}.$$

三角函数形

$$\begin{bmatrix} p_0(l_t,0) \\ v_0(l_t,0) \end{bmatrix}=\frac{1}{2}\begin{bmatrix} (F_p e^{-jk_t l_t}e^{-\alpha_t l_t}+F_p e^{jk_t l_t}e^{\alpha_t l_t}) & (F_p F_{Av} e^{-jk_t l_t}e^{-\alpha_t l_t}-F_p F_{Av} e^{jk_t l_t}e^{\alpha_t l_t}) \\ \left(F_{vi} e^{-jk_t l_t}e^{-\alpha_t l_t}+\dfrac{F_{vr}}{2}e^{jk_t l_t}e^{\alpha_t l_t}\right) & (F_{vi} F_{Av} e^{-jk_t l_t}e^{-\alpha_t l_t}-F_{vr} F_{Av} e^{jk_t l_t}e^{\alpha_t l_t}) \end{bmatrix}$$

$$\begin{bmatrix} p_1(0,0) \\ v_1(0,0) \end{bmatrix}.$$

（5.3.6）

其中

$$F_{Av}=\frac{k\rho_0 c_0}{k_t}, \quad F_p=\frac{1}{\cos(\delta_t l_t)};$$

$$F_{vi}=-\frac{\cos^{-2}(\delta_t l_t)\sin(\delta_t l_t)\delta_t-(jk_t)\cos^{-1}(\delta_t l_t)}{jk\rho_0 c_0};$$

$$F_{vr}=-\frac{\cos^{-2}(\delta_t l_t)\sin(\delta_t l_t)\delta_t+(jk_t)\cos^{-1}(\delta_t l_t)}{jk\rho_0 c_0}.$$

双曲形

$$\begin{bmatrix} p_1(0,0) \\ v_1(0,0) \end{bmatrix}=$$

$$\frac{1}{2}\begin{bmatrix} \left[\mathrm{ch}(\delta_{\mathrm h}l_{\mathrm h})\right]^{-1}(\mathrm e^{-jk_{\mathrm h}l_{\mathrm h}}\mathrm e^{-a_{\mathrm h}l_{\mathrm h}}+\mathrm e^{jk_{\mathrm h}l_{\mathrm h}}\mathrm e^{a_{\mathrm h}l_{\mathrm h}}) & -\left[\mathrm{ch}(\delta_{\mathrm h}l_{\mathrm h})\right]^{-1}\left(\dfrac{1}{F_{vi}}\mathrm e^{-jk_{\mathrm h}l_{\mathrm h}}\mathrm e^{-a_{\mathrm h}l_{\mathrm h}}-\dfrac{1}{F_{vi}}\mathrm e^{jk_{\mathrm h}l_{\mathrm h}}\mathrm e^{a_{\mathrm h}l_{\mathrm h}}\right) \\ -(F_{vv}\mathrm e^{-jk_{\mathrm h}l_{\mathrm h}}\mathrm e^{-a_{\mathrm h}l_{\mathrm h}}+F_{vp}\mathrm e^{jk_{\mathrm h}l_{\mathrm h}}\mathrm e^{a_{\mathrm h}l_{\mathrm h}}) & \left(\dfrac{F_{vv}}{F_{vi}}\mathrm e^{-jk_{\mathrm h}l_{\mathrm h}}\mathrm e^{-a_{\mathrm h}l_{\mathrm h}}-\dfrac{F_{vp}}{F_{vi}}\mathrm e^{jk_{\mathrm h}l_{\mathrm h}}\mathrm e^{a_{\mathrm h}l_{\mathrm h}}\right) \end{bmatrix}$$

$$\begin{bmatrix} p_0(l_{\mathrm h},0) \\ v_0(l_{\mathrm h},0) \end{bmatrix}. \tag{5.3.7}$$

其中

$$F_{vi}=\frac{k_{\mathrm h}}{k\rho_0 c_0};$$

$$F_{vp}=\frac{\mathrm{ch}(\delta_{\mathrm h}l_{\mathrm h})\big]^{-2}\big[\mathrm{sh}(\delta_{\mathrm h}l_{\mathrm h})\big]\delta_{\mathrm h}-jk_{\mathrm h}\mathrm{ch}\big[(\delta_{\mathrm h}l_{\mathrm h})\big]^{-1}}{jk\rho_0 c_0};$$

$$F_{vv}=\frac{\big[\mathrm{ch}(\delta_{\mathrm h}l_{\mathrm h})\big]^{-2}\mathrm{sh}\big[(\delta_{\mathrm h}l_{\mathrm h})\big]\delta_{\mathrm h}+(jk_{\mathrm h})\big[\mathrm{ch}(\delta_{\mathrm h}l_{\mathrm h})\big]^{-1}}{jk\rho_0 c_0}.$$

5.4　渐变截面驻波管的失谐性

5.4.1　渐变截面驻波管的共振条件

对于 1/4 波长驻波管,共振时 $p_0(0,0)=0$ 和 $v_1(l,0)=0$,由矩阵性质可知,此时对应传递矩阵(5.3.3)式第二行第二列矩阵元为零,即共振条件的一般表达式为

$$Fv21\mathrm e^{-jKl}+Fv22\mathrm e^{jKl}=0. \tag{5.4.1}$$

由此可以求出 1/4 波长指数形、锥形、三角函数形和双曲形渐变截面驻波管共振条件的具体表达式为

指数形

$$\tan(k_{\mathrm e}l_{\mathrm e})=\frac{2k_{\mathrm e}}{\delta_{\mathrm e}}. \tag{5.4.2}$$

锥形

$$\frac{\tan(kl_c)}{kl_c}=\delta_c l_c. \tag{5.4.3}$$

三角函数形

$$\tan(k_t l_t)=-\frac{k_t}{\delta_t}\cot(\delta_t l_t). \tag{5.4.4}$$

双曲形

$$\cosh(\delta_h l_h)\cdot\tan(k_h l_h)=\frac{k_h}{\delta_h}. \tag{5.4.5}$$

对照两级突变截面驻波管的共振条件(3.3.3)式及其蕴涵的驻波管失谐性质,由(5.4.2)~(5.4.5)式不难看出这里的四种渐变截面驻波管的失谐性.上面介绍的利用传递矩阵求取1/4波长驻波管共振条件的方法,同样可以用来求取半波长驻波管的共振条件,只是此时决定共振条件等于零的传递矩阵元有所不同,为第二行第一列矩阵元,具体的求解过程不再赘述.

5.4.2　渐变截面驻波管的传递函数

根据第3章3.3节中关于两级突变截面驻波管两端面声压传递函数的定义,将渐变截面驻波管两端面声压传递函数定义为

$$H=20\lg\left|\frac{p_0}{p_1}\right|=L_0-L_1. \tag{5.4.6}$$

L_0、L_1为渐变截面驻波管左、右端面处的声压级.

图5.4.1根据传递矩阵(5.3.4)~(5.3.7)式绘出了指数形、锥形、三角函数形和双曲形四种具体的渐变截面驻波管在小口端封闭、声源在大口端驱动时的声压传递函数在频域上的分布;其中,大、小端面直径均为49mm和15mm,而长度均为330mm.由图5.4.1可以看出,指数形、锥形、三角函数形和双曲形四种具体的渐变截面驻波管任意阶共振频率

处的传递函数值都大于零,一阶共振频率及其声压传递函数相互间存在一定差别,但随着阶数的增加,共振频率及其传递函数相互之间的差别不断减小.图上标示出了指数形渐变截面驻波管的前三阶共振频率和传递函数值,由此可以直观地看出这四种渐变截面驻波管的失谐性质.

为作对比,图 5.4.1 还绘出了粗管、细管直径分别为 49mm 和 15mm,而长度均为 155mm 的两级突变截面驻波管的传递函数在频域上的分布.由图 5.4.1 可以看出,尽管两级突变截面驻波管总长与四种渐变截面驻波管管长相等,但传递函数和共振频率在频域上的分布却有很大的不同.两级突变截面驻波管的 1/4 波长共振频率两两相对集中,奇数阶半波长共振频率处的传递函数值均大于四种渐变截面驻波管相应的奇数阶半波长共振频率处的传递函数值,这在超声领域对应着两级突变截面阶梯形变幅杆与四种渐变截面变幅杆相比对于一阶半波长共振频率阶梯形变幅杆两端位移幅值放大系数最大,偶数阶半波长共振频率处的情形却相反,并且此时两级突变截面驻波管的传递函数值均为零.

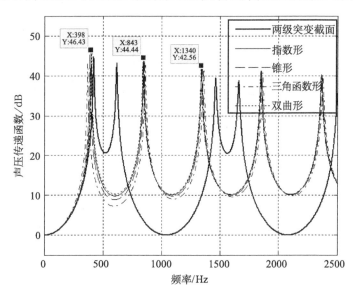

图 5.4.1 两级突变截面驻波管和四种渐变截面驻波管传递函数在频域上的分布

5.4.3　渐变截面驻波管共振频率随管形参数的变化

图 5.4.2 绘出了指数形、锥形、三角函数形和双曲形四种渐变截面驻波管二阶、三阶共振频率与一阶共振频率的比值随管长的变化. 其中, 四种渐变截面驻波管大口和小口的直径保持 49mm 和 15mm 不变, 管长从 100mm 逐渐增加到 450mm. 为作对比, 图中同时还绘出了两级突变截面驻波管二阶、三阶共振频率与一阶共振频率的比值随管长的变化. 两级突变截面驻波管的粗管、细管管径分别与渐变截面驻波管的大口和小口直径相等, 且粗管和细管的长度相同, 总长度随四种渐变截面驻波管长一起变化. 从图 5.4.2 可以看出, 两级突变截面驻波管和四种渐变截面驻波管二阶、三阶共振频率与一阶共振频率的比值随管长的变化趋势基本一致, 即随管长的增加而逐渐减少, 二阶与一阶的比值始终比三阶与一阶的比值小.

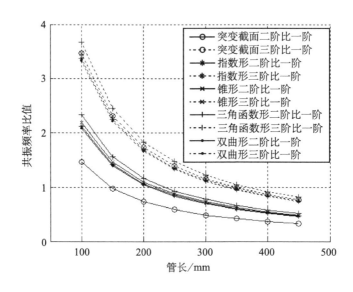

图 5.4.2　两级突变与四种渐变截面驻波管
二阶、三阶共振频率与一阶共振频率的比值随管长的变化

　　图 5.4.3 绘出了指数形、锥形、三角函数形和双曲形四种渐变截面驻波管二阶、三阶共振频率与一阶共振频率的比值随大口直径的变化. 其中,四种渐变截面驻波管管长、小口直径保持不变,分别为 330mm 和 15mm;大口直径从 15mm 逐渐增加到 85mm. 与图 5.4.2 一样,为作对比,图中同时还绘出了两级突变截面驻波管二阶、三阶共振频率与一阶共振频率的比值随粗管管径的变化. 这里,两级突变截面驻波管粗管、细管长度相等,总管长与渐变截面驻波管相等为 330mm,细管与渐变截面驻波管小口直径同为 15mm,而粗管直径随渐变截面驻波管大口直径一同变化. 从图 5.4.3 可以看出,两级突变截面驻波管和四种渐变截面驻波管三阶共振频率与一阶共振频率的比值随大口直径的变化趋势基本一致,即随大口直径的增加而逐渐增加,但二阶与一阶的比值变化趋势却不一样,两级突变截面驻波管二阶与一阶的比值随大口直径的增加而减少,四种渐变截面驻波管相反,随大口直径增加而增加.

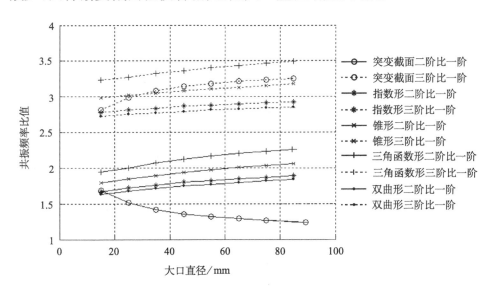

图 5.4.3　两级突变与四种渐变截面驻波管

二阶、三阶共振频率与一阶共振频率的比值随大口直径的变化

5.5 多级渐变截面驻波管

本章开头提到过,突变截面驻波管在高声强下突变截面处会产生大量的能量损耗,为此,如图 5.5.1 所示,过渡段即突变截面部分可采用渐变截面管来代替以减少能量在过渡段的损失,从而使两级突变截面驻波管变成为三级渐变截面驻波管. 这在超声领域对应着突变截面阶梯形变幅杆在过渡段变截面处应力过于集中容易造成断裂,常常采用渐变截面变幅杆代替变幅杆的突变截面部分,从而组成渐变截面复合(多级)变幅杆.

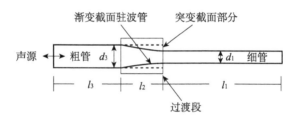

图 5.5.1 渐变截面驻波管在突变截面驻波管中的应用

5.5.1 多级渐变截面驻波管的传递矩阵

图 5.5.1 给出了由等截面驻波管中间接入渐变截面驻波管组合而成的三级渐变截面驻波管. 与单纯的突变截面驻波管相比,由于渐变截面驻波管的存在,三级渐变截面驻波管管单元之间采用声压和质点速度连续的连接条件显得比较方便,但对于表现管单元之间关系的等效图而言,如果仍采用声压和体积速度类比电路图会显得比较复杂,而采用等效四端网络就较为简单.

如果连接第 n 个驻波管单元前后声压和质点速度 p_n、v_n 和 p_{n-1}、v_{n-1} 的传递矩阵为

$$\begin{bmatrix} p_n \\ v_n \end{bmatrix} = \begin{bmatrix} a_{11}^n & a_{12}^n \\ a_{21}^n & a_{22}^n \end{bmatrix} \begin{bmatrix} p_{n-1} \\ v_{n-1} \end{bmatrix}. \tag{5.5.1}$$

则表示 n 级渐变截面驻波管声学性质的等效四端网络如图 5.5.2 所示.
其中，Z_0 为末端辐射阻抗，对于末端封闭的驻波管，$Z_0 \to \infty$.

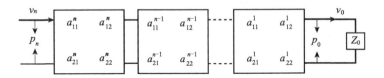

图 5.5.2　n 级渐变截面驻波管等效四端网络

根据等效四端网络图 5.5.2 不难得出 n 级渐变截面驻波管的传递
矩阵为

$$\begin{bmatrix} p_n \\ v_n \end{bmatrix} = \begin{bmatrix} a_{11}^n & a_{12}^n \\ a_{21}^n & a_{22}^n \end{bmatrix} \begin{bmatrix} a_{11}^{n-1} & a_{12}^{n-1} \\ a_{21}^{n-1} & a_{22}^{n-1} \end{bmatrix} \cdots \begin{bmatrix} a_{11}^1 & a_{12}^1 \\ a_{21}^1 & a_{22}^1 \end{bmatrix} \begin{bmatrix} p_0 \\ v_0 \end{bmatrix}. \tag{5.5.2}$$

5.5.2　三级渐变截面驻波管的传递函数

根据(5.5.2)式，图 5.5.1 所示的渐变截面驻波管前后端连接了等
截面驻波管后的三级渐变截面驻波管传递矩阵可以表示为

$$\begin{bmatrix} p_3 \\ v_3 \end{bmatrix} = \begin{bmatrix} \dfrac{1}{2}(\mathrm{e}^{jkl_1}\mathrm{e}^{\beta_1 l_1} + \mathrm{e}^{-jkl_1}\mathrm{e}^{-\beta_1 l_1}) & \dfrac{1}{2}\rho c(\mathrm{e}^{jkl_1}\mathrm{e}^{\beta_1 l_1} - \mathrm{e}^{-jkl_1}\mathrm{e}^{-\beta_1 l_1}) \\ \dfrac{1}{2}\dfrac{1}{\rho c}(\mathrm{e}^{jkl_1}\mathrm{e}^{\beta_1 l_1} - \mathrm{e}^{-jkl_1}\mathrm{e}^{-\beta_1 l_1}) & \dfrac{1}{2}(\mathrm{e}^{jkl_1}\mathrm{e}^{\beta_1 l_1} + \mathrm{e}^{-jkl_1}\mathrm{e}^{-\beta_1 l_1}) \end{bmatrix}$$

$$\times \begin{bmatrix} 渐 & 变 \end{bmatrix}$$

$$\times \begin{bmatrix} \dfrac{1}{2}(\mathrm{e}^{jkl_3}\mathrm{e}^{\beta_3 l_3} + \mathrm{e}^{-jkl_3}\mathrm{e}^{-\beta_3 l_3}) & \dfrac{1}{2}\rho c(\mathrm{e}^{jkl_3}\mathrm{e}^{\beta_3 l_3} - \mathrm{e}^{-jkl_3}\mathrm{e}^{-\beta_3 l_3}) \\ \dfrac{1}{2}\dfrac{1}{\rho c}(\mathrm{e}^{jkl_3}\mathrm{e}^{\beta_3 l_3} - \mathrm{e}^{-jkl_3}\mathrm{e}^{-\beta_3 l_3}) & \dfrac{1}{2}(\mathrm{e}^{jkl_3}\mathrm{e}^{\beta_3 l_3} + \mathrm{e}^{-jkl_3}\mathrm{e}^{-\beta_3 l_3}) \end{bmatrix} \begin{bmatrix} p_0 \\ v_0 \end{bmatrix}.$$

$$\tag{5.5.3}$$

其中,矩阵[渐变]为连接所选用的渐变截面驻波管两端面声压和质点速度的传递矩阵,对于指数形、锥形、三角函数形和双曲形渐变截面驻波管,可以通过(5.3.4)～(5.3.7)式得到.

图 5.5.3 根据(5.5.3)式绘出了选用指数形、锥形、三角函数形和双曲形三级渐变截面驻波管的传递函数在频域上的分布.其中,管 3 的直径和长度分别为 49mm 和 200mm,管 1 的为 15mm 和 400mm;四种渐变截面驻波管的长度均为 330mm. 与图 5.4.1 一样,为作对比,图 5.5.3 中同样绘出了两级突变截面驻波管的传递函数在频域上的分布;其中,粗管管径和长度分别为 49mm 和 530mm,而细管的为 15mm 和 400mm. 这样,两级突变截面驻波管的总长度与三级渐变截面驻波管的总长度相等,粗、细管径分别与渐变截面驻波管两端的直管相同.

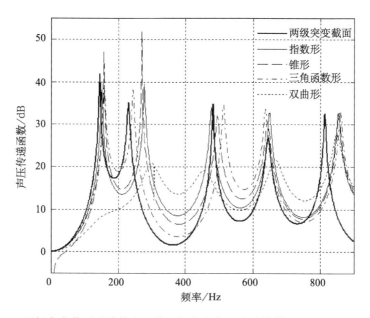

图 5.5.3　两级突变截面驻波管和四种三级渐变截面驻波管传递函数在频域上的分布

与图 5.4.1 所示的四种单纯渐变截面驻波管有所不同,图 5.5.3 中的四种三级渐变截面驻波管共振频率前四阶差别都很大,第五阶差别才较小,并且双曲形三级渐变截面驻波管的传递函数值在五阶共振频率之前相对小许多;但与图 5.4.1 一样,图 5.5.3 所示的四种渐变截面驻波管的失谐性同样可以直观地从图上看出. 与图 5.4.1 对比后还可以发现,对于两级突变截面驻波管,偶数阶半波长共振频率处的传递函数值不再为零,但在相应的共振频率处其数值仍是所有管形中的最小值;而奇数阶半波长共振频率处的传递函数不再总是大于渐变截面驻波管相应的共振频率处的传递函数值.

5.5.3　三级渐变截面驻波管管形参数对共振频率的影响

图 5.5.4(a)、(b)绘出了四种三级渐变截面驻波管三阶、二阶共振频率与一阶共振频率的比值分别随粗管和细管长度的变化. 其中,对于图 5.5.4(a),细管长度和直径保持 1020mm 和 15mm 不变,指数形、锥形、三角函数形和双曲形四种渐变截面驻波管的长度 330mm、大口直径 49mm 也保持不变,所连粗管长度从 0 逐渐增加到 350mm;为作对比,图中同时绘出了在相同细管上与一级粗管连接而成的两级突变截面驻波管三阶、二阶共振频率与一阶共振频率的比值随粗管长度的变化,粗管长度与渐变截面驻波管和所连粗管总长度相等. 从图 5.5.4(a)可以看出,四种三级渐变截面驻波管和两级突变截面驻波管三阶、二阶共振频率与一阶共振频率的比值都随粗管长度的增加而减小.

图 5.5.4(b)绘出了四种三级渐变截面驻波管三阶、二阶共振频率与一阶共振频率的比值分别随细管长度的变化. 对于图 5.5.4(b),粗管长度和直径保持 200mm 和 49mm 不变,指数形、锥形、三角函数形和双曲形四种渐变截面驻波管的长度 330mm、大小口直径 49mm 和 15mm 也保持不变,所连细管长度从 0 逐渐增加到 900mm;为作对比,图中同样绘出了长度、管径分别为 530mm 和 49mm 的粗管与同一细管相连而成的两级突变截面驻波管三阶、二阶共振频率与一阶共振频率的比值随

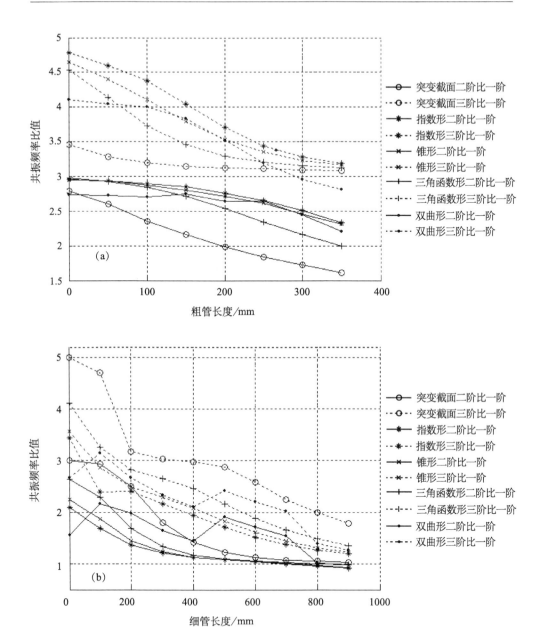

图 5.5.4   两级突变与四种三级渐变截面驻波管

(a)三阶、二阶共振频率与一阶共振频率的比值随粗管长度的变化;

(b)三阶、二阶共振频率与一阶共振频率的比值随细管长度的变化

细管长度的变化. 从图 5.5.4(b) 可以看出, 与图 5.5.4(a) 一样, 两级突变截面驻波管和指数形、锥形、三角函数形三种三级渐变截面驻波管三阶、二阶共振频率与一阶共振频率的比值都随细管长度的增加而减小, 但与图 5.5.4(a) 有所不同的是, 尽管双曲形三级渐变截面驻波管频率比值曲线总趋势也随细管长度的增加而减小, 但双曲形频率比值曲线随细管长度的变化上下起伏, 表现出对细管长度的变化比较敏感的特性.

　　图 5.5.5 绘出了四种三级渐变截面驻波管三阶、二阶共振频率与一阶共振频率的比值随粗管管径的变化. 这里, 细管、粗管和四种渐变截面驻波管长度分别为 1020mm、200mm 和 330mm, 细管管径 15mm, 粗管管径从 15mm 逐渐增加到 85mm. 作为对比的两级突变截面驻波管, 细管长度和管径也为 1020mm 和 15mm, 粗管长度为 530mm, 与渐变截面驻波管和所连粗管总长度相等. 从图 5.5.5 可以看出, 比值曲线分为三类: 第一类是随粗管管径的增加而减小, 包括两级突变截面驻波管三阶、二阶共振频率与一阶共振频率的比值以及三角函数形三级渐变截面驻波

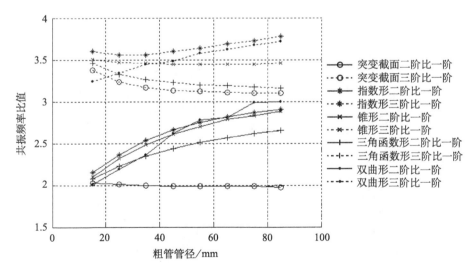

图 5.5.5　两级突变与四种三级渐变截面驻波管

三阶、二阶共振频率与一阶共振频率的比值随粗管管径的变化

管三阶与一阶共振频率的比值;第二类是指数形和锥形三级渐变截面驻波管三阶与一阶共振频率的比值,先是随粗管管径减小,随后增加;其他情形属于第三类,即随粗管管径的增加而增加.这里,双曲形频率比值曲线也表现出了对粗管管径的变化比较敏感上下起伏的特性,但起伏没有像图 5.5.4(b)中那样明显.

5.6 锥形三级渐变截面驻波管的实验研究

为从实验研究渐变截面驻波管的声学性质,实验仍采用第 4 章图 4.1.1 和图 4.2.1 所示的实验系统,驻波管选用易于加工的锥形三级渐变截面驻波管.锥形管为铝合金材质,管长为 330mm,壁厚 8mm 以上,实物如图 5.6.1 所示.实验所采用的粗管和细管分别是表 4.1.1 所示的 4 号管和 2 号管.其中,粗管管长和管径分别为 200mm 和 49mm,细管管长和管径分别为 1020mm 和 15mm.锥形三级渐变截面驻波管总长为 1550mm.

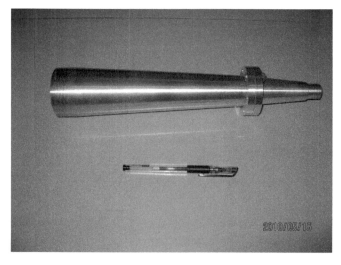

图 5.6.1 锥形管实物图

　　为作对比,实验还对总管长与锥形三级渐变截面驻波管总长度基本相等的两级突变截面驻波管和等截面驻波管进行了相应的研究. 两级突变截面驻波管的粗管和细管管径分别与锥形三级渐变截面驻波管所连粗管、细管相同,长度分别为 515mm 和 1000mm;等截面驻波管管径与锥形三级渐变截面驻波管所连粗管相同,而长度与两级突变截面驻波管总长度相等均为 1515mm.

5.6.1　传递函数与辐射声阻抗率的实验研究

5.6.1.1　传递函数

　　图 5.6.2(a)分别给出了锥形三级渐变截面驻波管传递函数的实验值和理论值在频域上的分布. 由图 5.6.2(a)可以看出,传递函数的实验值和理论值总体吻合得还好,尤其在一阶共振频率 72Hz 处吻合得最好,高阶共振频率存在一定差异,实验值小于理论值. 为方便,图中标出了一到五阶共振频率及其对应的传递函数实验值,从中可以看出实验所用锥形三级渐变截面驻波管的失谐性.

5.6.1.2　辐射声阻抗率

　　图 5.6.2(b)根据传递矩阵(5.5.3)式给出了锥形三级渐变截面驻波管声源端管口辐射声阻抗率理论值在频域上的分布,而图 5.6.2(c)给出了由实验测量得到的辐射声阻抗率实验值在频域上的分布,图 5.6.2(b)、(c)中同时还给出了管口辐射声阻率和声抗率. 由图 5.6.2(b)和(c)可以看出,辐射声阻抗率理论值和实验值的峰值和谷值在频域上的分布情况基本吻合,数值有一些差别. 辐射声阻抗率的峰值和谷值分别很好地对应着传递函数的谷值和峰值.

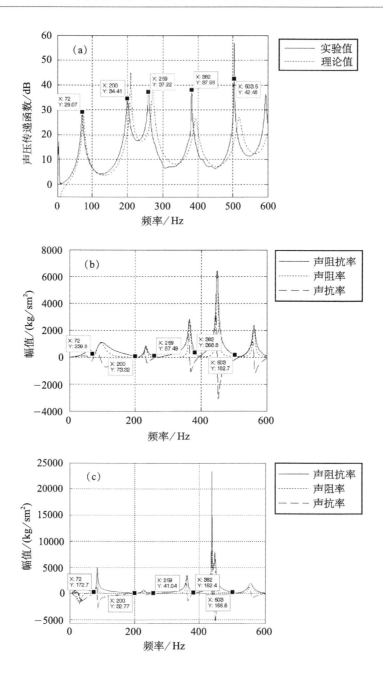

图 5.6.2 （a)锥形三级渐变截面驻波管传递函数在频域上的分布；

（b)锥形三级渐变截面驻波管声源端管口辐射声阻抗率理论值在频域上的分布；

（c)锥形三级渐变截面驻波管声源端管口辐射声阻抗率实验值在频域上的分布

由图 5.6.2(b)、(c)标出的一到五阶共振频率对应的管口辐射声阻抗率可以看出,锥形三级渐变截面驻波管共振频率处的管口辐射声阻抗率都远大于零. 一阶共振频率 72Hz 处理论值和实验值分别为 239.8kg/sm^2 和 172.7kg/sm^2,共振频率对应的辐射声阻抗率理论最大值出现在第四阶共振频率 382Hz 处为 368.8kg/sm^2,而实验最大值出现在第五阶共振频率 503Hz 处为 166.6kg/sm^2. 由图 5.6.2(b)、(c)还可看出,一到五阶共振频率处辐射声阻率都大于零,与此相反,辐射声抗率却都小于零.

5.6.2　与两级突变和等截面驻波管的对比实验研究

5.6.2.1　一阶共振频率下的极高驻波场

图 5.6.3(a)、(b)、(c)分别给出了锥形三级渐变截面、两级突变截面和等截面三种驻波管在各自的一阶共振频率激励下封闭端实验所获得的最高驻波波形,三种驻波管的一阶共振频率分别是 72Hz、78Hz 和 56Hz;其中,图 5.6.3(a)为锥形三级渐变截面驻波管 181dB 波形,图 5.6.2(b)和图 5.6.3(c)分别为两级突变截面和等截面驻波管 178dB 和 167dB 波形. 从图 5.6.3 可以看出,尽管锥形三级渐变截面和两级突变截面驻波管封闭端声压级已经分别达到 181dB 和 178dB,对应的声场质点速度分别为 79.3m/s 和 56.2m/s,但驻波波形仍是较为规则的正弦波波形,而等截面驻波管声压级虽然只是 167dB,对应的声场质点速度仅为 15.8m/s,但驻波波形畸变较为明显,已具有明显的锯齿波特征.

图 5.6.4(a)、(b)、(c)分别给出了锥形三级渐变截面、两级突变截面和等截面三种驻波管分别在各自一阶共振频率激励下封闭端所获得的驻波的高次谐波随基波声压级的增长情况.

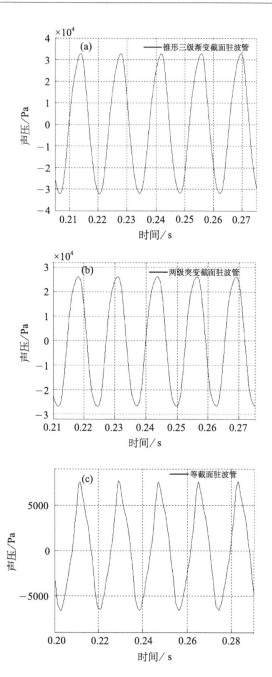

图 5.6.3　(a)锥形三级渐变截面驻波管一阶共振频率激励下的 181dB 驻波时域波形；

(b)两级突变截面驻波管一阶共振频率激励下的 178dB 驻波时域波形；

(c)等截面驻波管一阶共振频率激励下的 167dB 驻波时域波形

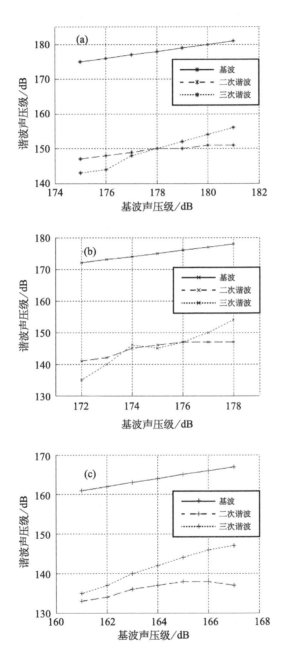

图 5.6.4　(a)锥形三级渐变截面驻波管一阶共振频率下高次谐波随基波声压级的增长；

(b)两级突变截面驻波管一阶共振频率激励下高次谐波随基波声压级的增长；

(c)等截面驻波管一阶共振频率激励下高次谐波随基波声压级的增长

对于图 5.6.4(a)所示的锥形三级渐变截面驻波管的高次谐波,当基波声压级为 175dB 时,二次、三次谐波声压级分别为 147dB 和 143dB,占基波能量的 0.22%,当基波声压级增加到最高的 181dB 时,二次、三次谐波声压级也随之增加到 151dB 和 156dB,所占基波能量增加到 0.4%,波形畸变为 8.8%.

对于图 5.6.4(b)所示的两级突变截面驻波管的高次谐波,起初基波声压级为 172dB 时,二次、三次谐波声压级分别为 141dB 和 135dB,占基波能量的 0.1%,当基波声压级增加到最高的 178dB 时,二次、三次谐波声压级随之增加到 147dB 和 154dB,所占基波能量增加到 0.48%,波形畸变为 9.1%.

而对于图 5.6.4(c)所示的等截面驻波管的高次谐波的增长,起初基波声压级为 161dB 时,二次、三次谐波声压级分别为 133dB 和 135dB,占基波能量的 0.4%,当基波声压级增加到最高的 167dB 时,二次、三次谐波声压级随之增加到了 137dB 和 147dB,所占基波能量增加到 1.1%,波形畸变达到 13.2%.

由图 5.6.4(a)、(b)、(c)还可看出,对于锥形三级渐变截面和两级突变截面驻波管,开始时三次谐波小于二次谐波,随着基波声压级的增加,三次谐波逐渐超过了二次谐波;而对于等截面驻波管,三次谐波始终大于二次谐波,并且随着基波声压级的增加,三次谐波也随着增加,二次谐波开始时随之增加之后却反而减小.

5.6.2.2　一阶共振频率下声压随激励电压的增长

由上面的分析可以看出,在锥形三级渐变截面、两级突变截面和等截面三种驻波管中,锥形三级渐变截面驻波管不仅获得的驻波声压级最高,而且谐波被抑制的最好. 这主要是因为与两级突变截面驻波管相比,锥形三级渐变截面驻波管渐变截面减小了声场的损耗,并且声源端管口具有更高的声辐射阻抗率;而与等截面驻波管相比,锥形三级渐变截面驻波管的失谐性很好地抑制了高次谐波的增长. 为进一步说明锥形三级渐变截面驻波管在获取极高非线性纯净驻波场方面的优越性,图 5.6.5所示为三种驻波管在各自的一阶共振频率激励下封闭端声压级随扬声器激励电压的增长情况. 从图上可以看出,三种驻波管封闭端声压级随激励电压的增加都呈现出线性增加的态势,并且三种驻波管的声压级随激励电压的增加幅度基本一样;但在相同的激励电压下,锥形三级渐变截面驻波管所获得的声压级比两级突变截面驻波管高 2.5dB 以上,而比等截面驻波管却高出 14dB 以上.

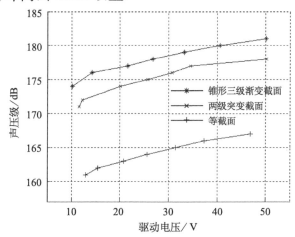

图 5.6.5　三种驻波管在各自一阶共振频率激励下声压级随激励电压的增长

5.6.3　高阶共振频率下的大振幅驻波场实验研究

5.6.3.1　高阶共振频率下的高次谐波

图 5.6.6(a)、(b)、(c)和(d)分别为锥形三级渐变截面驻波管在二到五阶共振频率激励下所获得的最高声压级波形的时域波形. 其

中,二到五阶共振频率分别为:二阶 200 Hz,三阶 259.5 Hz,四阶
382 Hz,五阶 504 Hz;所获得的最高声压级分别为:二阶 163 dB,三阶
153 dB,四阶 155 dB,五阶 148 dB. 由图 5.6.6 可以看出,二阶和三阶
共振频率激励下的声波波形保持着比较规整的正弦波波形,而四阶
和五阶共振频率激励下的声波波形畸变比较严重,但未表现出锯齿
波形状.

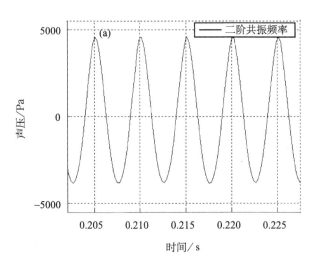

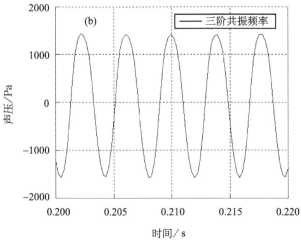

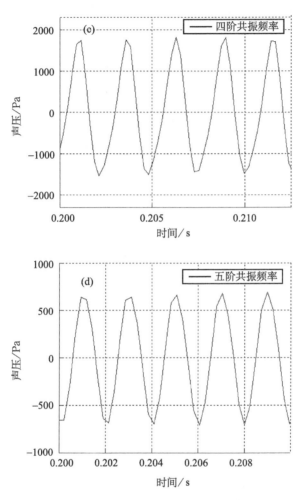

图 5.6.6 锥形三级渐变截面驻波管高阶共振频率下的驻波时域波形

(a)二阶 163dB；(b)三阶 153dB；(c)四阶 155dB；(d)五阶 148dB

图 5.6.7(a)、(b)、(c)和(d)分别为锥形三级渐变截面驻波管在二到五阶共振频率激励下高次谐波随基波声压级的增长情况. 由图 5.6.7 可以看出,二到五阶共振频率激励下的高次谐波均未表现出饱和的迹象. 二阶共振频率激励下的波形畸变从开始时的 4.4％增加到声压级最高时的 9.8％,而三阶为 4.4％到 12.7％,四阶共振频率激励下的波形畸变最大,从开始时的 10.2％增加到最后的 18.5％,五阶共振频率激励下的

波形畸变最小,从开始时的 2.0％增加到后来的 4.8％.

　　由此可以从图 5.6.6(c)、(d)的对比中发现一个有趣的现象:从时域波形来看,同为畸变比较严重的四阶和五阶共振频率激励下是声波波形,从波形畸变的数值上看差别却非常大,前者为 18.5％,而后者仅为 4.8％.由图 5.6.7(c)和(d)的对比可以看出,四阶共振频率激励下的波形畸变主要是由二次谐波造成的,而五阶共振频率激励下的波形畸变是由二次和三次谐波共同作用的结果.

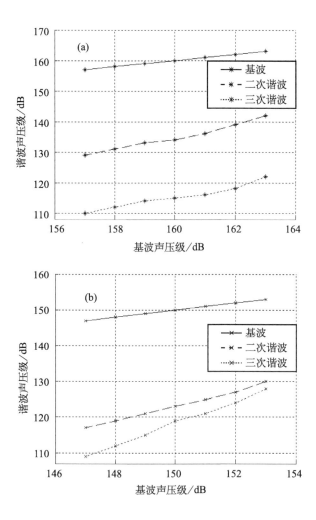

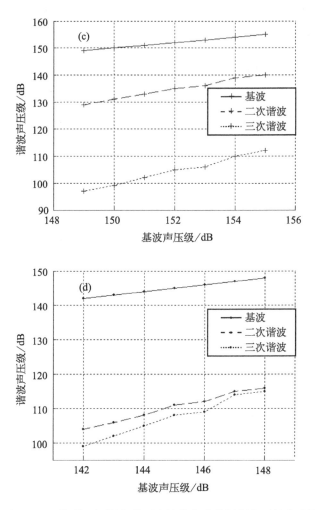

图 5.6.7　锥形三级渐变截面驻波管高阶共振频率下的高次谐波

(a)二阶 200Hz；(b)三阶 259.5Hz；(c)四阶 382Hz；(d)五阶 504Hz

5.6.3.2　高阶共振频率下声压随激励电压的增长

图 5.6.8 所示为锥形三级渐变截面驻波管二至五阶共振频率激励下封闭端声压级随扬声器激励电压的增长情况. 由图 5.6.8 可以看出, 二至五阶共振频率激励下的驻波场声压级随激励电压的增加基本上呈现出线性增加的趋势, 并且声压级随激励电压的增加幅度基本一样. 需

要注意的是,在相同的激励电压下,各阶共振频率下获得的驻波场声压级大小次序并不与共振频率阶次一致,而是二阶获得的声压级最高,依次是四阶和三阶,五阶最低.

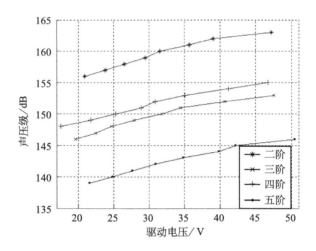

图 5.6.8　锥形三级渐变截面驻波管高阶共振频率下声压级随激励电压的增长

第 6 章　总结与展望

6.1　回顾与总结

　　大振幅非畸变纯净驻波场可用于传声器的校准、化学反应过程的控制等,尤其是近年来,为提高热声机的功率和效率,大振幅非畸变纯净驻波场的研究和获取更受到人们的关注. 然而,大振幅驻波由于非线性效应会产生高次谐波,能量由基波向高次谐波转移,从而使波形发生畸变. 当大振幅驻波场声压级提高到一定程度时,高次谐波将趋于饱和,最终导致激波的出现. 激波的出现极大地消耗了大振幅驻波场的能量,致使大振幅驻波场声压级将无法再进一步得到提高.

　　研究表明,如果对驻波管的管形进行合理设计,使其管内声场高阶共振频率不是一阶共振频率的整数倍,即共振频率在频域上不是等间距分布,那么低阶共振频率下的大振幅驻波场非线性畸变产生的高次谐波在管内就不会产生共振聚集能量,从而可以有效地抑制高次谐波的增长和共振频率下波形的畸变以获得大振幅非畸变的纯净驻波场. 这样的驻波管称为失谐驻波管.

　　到目前为止,对大振幅驻波场高次谐波的抑制和获取大振幅纯净驻波场的方法主要有四种:一是主动控制法;二是被动吸收法;三是色散法,即人为地将色散效应引入驻波管使得驻波管具有失谐性;四是失谐驻波管法. 截面连续变化的失谐驻波管通过沿轴向作整体振动以获取大振幅纯净驻波场的技术被称为共振强声合成(RMS).

本书围绕着变截面失谐驻波管及极高非线性驻波场进行了以下研究.

突变截面驻波管由管径不同的直圆管连接而成,结构简单,易于加工,也属失谐驻波管.以扬声器为驱动声源的两级突变截面驻波管历史上曾经有过相关的研究,但获得的纯净驻波场声压级均未超过 174dB,并且对其声学性质尤其是管内大振幅驻波场谐波饱和特性的研究仍未见详细的报道.

首先,本书分别采用模态分析法和传递矩阵法对两级突变截面驻波管的声学特性尤其是失谐性、共振条件等进行了深入的理论研究.当突变截面驻波管级数增加到三级和三级以上时称为多级突变截面驻波管,本书利用传递矩阵法对多级突变截面驻波管的声学特性也进行了深入的理论研究,所得结果通过实验进行了验证.

其次,通过对两级突变截面驻波管的优化设计,采用大功率扬声器侧接以模拟活塞式恒速源的方法,利用两级突变截面驻波管的失谐性质在一阶和二阶共振频率激励下分别获得了 180dB 和 177dB 的极高非线性纯净驻波声场,并对三阶共振频率激励下的声场进行了实验研究.当三阶共振频率的二次谐波频率接近六阶共振频率时,在三阶共振频率激励下声压级达到 170dB 时观测到了声波波形畸变和谐波饱和现象.

另外,实验还采用大功率扬声器正接以模拟恒压源的方法,利用两级突变截面驻波管的失谐性质在一阶共振频率激励下获得了 184dB 的极高非线性纯净驻波场;实验不仅在三阶共振频率激励下声压级达到 166dB 时观察到了谐波饱和现象和锯齿波,还在五阶共振频率激励下,当其二次谐波频率接近声压级传递函数的谷值频率时,在声压级达到 154dB 时观察到了谐波饱和现象和锯齿波.

接下来,本书统一采用传递矩阵法对指数形、锥形、三角函数形和双曲形渐变截面驻波管的声学特性如失谐性、共振条件等进行了深入理论研究. 在此基础上, 对这四种渐变截面驻波管与等截面驻波管分别组成的三级渐变截面驻波管的声学特性进行了相应的理论研究, 所得结果与两级突变截面驻波管进行了对比, 并通过实验进行了验证.

与突变截面驻波管相比, 渐变截面驻波管减少了声场能量在突变截面处的损失, 并且声源端具有更高的辐射声阻抗率; 而与等截面驻波管相比, 锥形三级渐变截面驻波管具有很好的失谐性.

在一阶共振频率激励下, 由锥形渐变截面驻波管组成的三级渐变截面驻波管获得了 181dB 的极高非线性纯净驻波场, 所得实验结果与等长的两级突变截面驻波管和等截面驻波管在各自一阶共振频率激励下的情形进行了对比. 两级突变截面驻波管在一阶共振频率激励下获得的最高驻波声压级为 178dB, 而等截面驻波管仅获得 167dB 的最高声压级.

实验发现, 在各自一阶共振频率激励下, 锥形三级渐变截面驻波管和两级突变截面驻波管内的驻波波形仍保持比较规整的情况下, 等截面驻波管内的波形畸变已比较明显; 在相同的激励电压下, 锥形三级渐变截面驻波管与两级突变截面驻波管和等截面驻波管相比, 锥形三级渐变截面驻波管获得的驻波场声压级分别高出后两者 2.5dB 和 14dB 左右.

6.2　展　　望

传递矩阵法在研究突变和渐变截面驻波管的声学特性时显示出了构造方便、易于数值计算的优点. 采用失谐驻波管获得的大振幅驻波场本质属于非线性声学范畴, 如何将传递矩阵法中的传递矩阵加以改进以适用于对所获得的大振幅驻波场的声学特性, 如谐波饱和以及 "硬弹簧" "软弹簧" 效应等的研究, 仍是以后需要探索研究的问题.

　　近年来,围绕着渐变截面失谐驻波管非线性声学特性涌现出了大量的采用数值方法进行研究的文献,这些文献中用到的数值方法主要是有限元法和有限差分法,而对突变截面驻波管非线性声学特性的数值研究仍然比较缺乏. 在接下来的工作中,如何采用数值方法对突变截面驻波管的声学性质进行研究仍有很长的路要走.

　　锥形管在常见的渐变截面管中结构较为简单,容易加工. 与锥形管相比,指数形、双曲形渐变截面管存在临界频率,临界频率对渐变截面驻波管的声学特性有怎样的影响仍有待深入细致的研究. 实验对锥形三级渐变截面驻波管的声学特性进行了研究并利用其进行了获取大振幅驻波场的实验,实验结果与等长的两级突变截面驻波管和等截面驻波管进行了对比. 将来还需要对指数形、双曲形以及三角函数形等渐变截面驻波管进行相应的实验研究,通过对比以得到它们各自的声学特点.

参 考 文 献

[1] Earnshaw S. On the mathematical theory of sound. Brit. Assn. Adv. Sci. , Report of the 28th Meeting,Notices and Abstracts Sec. ,1858:34-35.

[2] Riemann B. Ueber die Fortplanzung ebener Luftwellen von endlicher Schwingungsweite,Abhandl. Ges. Wiss. Gotingen,Math. -Physik,1860,8:43-65.

[3] Fubini-Ghiron E. Anomalie nella propagazione di onde acustiche di grande ampiezza,Alta Frequenza,1935,4:530-581.

[4] Fay R D. Plane sound waves of finite-amplitude. J. Acoust. Soc. Am,1931,3: 222-241.

[5] Burgers J M. A mathematical model illustrating the theory of turbulence,in Advances in Applied Mechanics, Vol. 1. eds. von Mises R, von Kármán T. New York:Academic Press,1948:171-199.

[6] Enflo B O, Hedberg C M. Theory of Nonlinear Acoustics in Fluids. Dordrecht:Kluwer Academic Publishers,2004.

[7] Lauterborn W,Kurz T. Nonlinear acoustics at the turn of the millennium. American Institute of Physics,2000.

[8] Hamilton M F, Blackstock D T. Nonlinear Acoustics. California: Academic Press,1998.

[9] Beyer R T. Nonlinear acoustics in fluids. New York:Van Nostrand Reinhold Co. ,1984.

[10] Back S,Swift G W. A thermoacoustic Stirling heat engine. Nature,1999, 399:335.

[11] Swift G W. Thermoacoustic engines. J. Acoust. Soc. Am. ,1988,84:1145.

[12] Penelet G,GusevV, Lotton P,et al. Experimental and theoretical study of

processes leading to steady-state sound in annular thermoacoustic engines. Phys. Rev. E,2005,72:016625.

[13] BiwaT,Tashiro Y,Mizutani U,et al. Experimental demonstration of thermoacoustic energy conversion in a resonator. Phys. Rev. E, 2004, 69: 066304.

[14] Smith E. Carnot's theorem as Noether's theorem for thermoacoustic engines. Phys. Rev. E,1998,58:2818.

[15] Yazaki T,Iwata A,Maekawa T,et al. Traveling wave thermoacoustic engine in a looped tube. Phys. Rev. Lett. ,1998,31:3128.

[16] Gusev V E,Bailliet H,Lotton P,et al. Enhancement of the Q of a nonlinear acoustic resonator by active suppression of harmonics. J. Acoust. Soc. Am. , 1998,103:3717.

[17] Lawrenson C C,Lipkens B,Lucas T S,et al. Measurements of macrosonic standing waves in oscillating closed cavities. J. Acoust. Soc. Am. , 1998, 104:623.

[18] Lindsay R B. Acoustics: Historical and Philosophical Development. Dowden,Hutchinson & Ross,1973.

[19] Strutt J W,Rayleigh B. Theory of Sound. New York:Dover Publications, 1945.

[20] Stokes G G. On a difficulty in the theory of sound. Phil. Mag. (Series 3), 1848,33:349-356; or Beyer,1984:29-36.

[21] Rankine W J M. On the thermodynamic theory of waves of finite longitudinal disturbance. Phil. Trans. Roy. Soc. ,1870,160:277-288; or Beyer,1984: 65-76.

[22] Hugoniot H. Mémoire sur la propagation du mouvementdans les corps et spécialement dans les gaz parfaits. J. l' écolepolytech. (Paris), 1887, 57: 3-97.

[23] Rayleigh Lord. Aerial plane waves of finite amplitude. Proc. Roy. Soc. Lond. ,1910,A84:247-284.

[24] Taylor G I. The conditions necessary for discontinuous motion in gases. Proc. Roy. Soc. Lond,1910,A84:371-377.

[25] Cole J D. On a quasi-linear parabolic equation occurring in aerodynamics. Quart. Appl. Math. ,1951,9:225-236.

[26] Mendousse J S. Nonlinear dissipative distortion of progressive sound waves at moderate amplitudes. J. Acoust. Soc. Am. ,1953,25:51-54.

[27] Lighthill M J. Viscocity effects in sound waves of finite amplitude,in Surveys in Mechanics,eds. Batchelor G K,Davies R M. Cambridge:Cambridge University Press,1956:250-351.

[28] Kuznetsov V P. Equations of nonlinear acoustics. Sov. Phys. Acoust. ,1971, 16:467-470.

[29] Zabolotskaya E A, Khokhlov R V. Quasi-plane waves in the nonlinear acoustics of confined beams. Sov. Phys. Acoust. ,1969,15:35-40.

[30] Blackstock D T. Connection between the Fay and Fubini solutions for plane sound waves of finite amplitude. J. Acoust. Soc. Am. ,1966,39:1019-1026.

[31] Naugolnykh K A,Soluyan S I,Khokhlov R V. Cylindrical waves of finite-amplitude in a dissipative medium. Vestn. Moscow State Univ. , Fiz. Astron. 1962,4:65-71.

[32] Blackstock D T. Thermoviscous attenuation of plane,periodic,finite-amplitude sound waves. J. Acoust. Soc. Am. ,1964,36:534-542.

[33] Enflo B O,Hedberg C M. Fourier decomposition of a plane nonlinear sound wave developing from a sinusoidal source. Acustica-Acta Acustica, 2001, 87:163-169.

[34] Shooter J A, Muir T G, Blackstock D T. Acoustic saturation of spherical waves in water. J. Acoust. Soc. Am. ,1974,55:54-62.

[35] Scott J F. Uniform asymptotics for spherical and cylindrical nonlinear acoustic waves generated by a sinusoidal source. Proc. Roy. Soc. Lond. , 1981, A375:211-230.

[36] Sachdev P L, Tikekar V G, Nair K R C. Evolution and decay of spherical and cylindrical N-waves. J. Fluid Mech. ,1986,172:347-371.

[37] Enflo B O. Saturation of nonlinear spherical and cylindrical sound waves. J. Acoust. Soc. Am. ,1996,99:1960-1964.

[38] Fenlon F H. An extension of the Fubini series for a multiple frequency CW acoustic source of finite amplitude. J. Acoust. Soc. Am. ,1972,51:284-289.

[39] Hedberg C M. Multi-frequency plane, nonlinear and dissipative waves at arbitrary distances. J. Acoust. Soc. Am. ,1999,106:3150-3155.

[40] Fenlon F H. Derivation of the multiple frequency Bessel-Fubini series via Fourier analysis of the preshock time waveform. J. Acoust. Soc. Am. ,1973, 53:1752-1754.

[41] Fenlon F H. On the derivation of a Lagrange-Banta operator for progressive finite-amplitude wave propagation in a dissipative fluid medium. J. Acoust. Soc. Am. ,1973,54:92-95.

[42] Lardner R W. Acoustic saturation and the conversion efficiency of the parametric array. J. Sound Vib. ,1982,82:473-487.

[43] Westervelt P J. Parametric acoustic arrray. J. Acoust. Soc. Am. , 1963, 35: 535-537.

[44] Berktay H O. Parametric amplification by the use of acoustic nonlinearities and some possible applications. J. Sound Vib. ,1965,52:462-470.

[45] Bakhvalov N S, Zhileikin Y M, Zabolotskaya E A. Nonlinear Theory of Sound Beams. New York: American Institute of Physics,1987.

[46] Novikov B K, Rudenko O V, Timoshenko V I. Nonlinear Underwater Acoustics. New York: American Institute of Physics,1987.

[47] Hamilton M F, Khokhlova V A, Rudenko O V. Analytical method for describing the paraxial region of finite amplitude sound beams. J. Acoust. Soc. Am. ,1997,101:1298-1308.

[48] Whitham G B. Linear and Nonlinear Waves. New York: Wiley,1974.

[49] Crighton D G. Model equations of nonlinear acoustics. Ann. Rev. Fluid Mech. ,1979,11:11-23.

[50] Crighton D G, Scott J F. Asymptotic solutions of model equations in nonlinear acoustics. Phil. Trans. Roy. Soc. Lond. ,1979,A292:101-134.

[51] Sachdev P L, Tikekar V G, Nair K R C. Evolution and decay of spherical and cylindrical N-waves. J. Fluid Mech. ,1986,172:347-371.

[52] Hammerton P W, Crighton D G. Old-age behaviour of cylindrical and spherical waves: numerical and asymptotic results. Proc. Roy. Soc. Lond. ,1989, A422:387-405.

[53] Enflo B O. On the connection between the asymptotic waveform and the fading tail of an initial N-wave in nonlinear acoustics. Acustica-Acta Acustica,1998,84:401-413.

[54] Whitham G B. The behaviour of supersonic flow past a body of revolution, far from the axis. Proc. Roy. Soc. Lond,1950,A203:89-10.

[55] Whitham G B. The flow pattern of a supersonic projectile. Commun. Pure. Appl. Math,1952,5:301-348.

[56] Betchov R. Nonlinear oscillations in column of gas. Phys. Fluids. ,1958, 1(3):205-212.

[57] Saenger R A, Hudson G E. Periodic shock waves in resonating gas columns. J. Acoust. Soc. Am. ,1960,32(8):961-970.

[58] Temkin S. Nonlinear gas oscillations in a resonant tube. Phys. Fluids,1968, 11(5):960-963.

[59] Chester W. Resonant oscillations in closed tubes. J. Fluid Mech. , 1964,

18(1):44-66.

[60] Lighthill M J. Viscosity effects in sound waves of finite amplitude. Surveys in Mechanics, eds. Batchelor G K, Davies R M. Cambridge: Cambridge University Press,1956.

[61] Cruikshank D B. Growth of distortion in a finite amplitude sound wave in air (L). J. Acoust. Soc. Am. ,1966,40(3):731-733.

[62] Jimenez J. Nonlinear gas oscillations in pipes. Part 1. Theory. J. Fluid Mech. , 1973,59(1):23-46.

[63] Keller J J. Subharmonic non-linear acoustic resonances in closed tubes. ZAMP,1975,26(4):395-405.

[64] Keller J J. Third Order Resonances in Closed Tubes. ZAMP,1976,27(3): 303-323.

[65] Keller J J. Resonant oscillations in closed tubes:the solution of Chester's equation. J. Fluid Mech. ,1976,77(2):279-304.

[66] van Wijngaarden L. On the oscillations near and at resonance in open pipes. J. Eng. Math. II,1968,2(3):225-240.

[67] Nyberg Ch. Spectral analysis of a two frequency driven resonance in a closed tube. Acoust. Phys. ,1999:45,94-104.

[68] Sturtevant B. Nonlinear gas oscillations in pipes. Part 2. Experiment. J. Fluid Mech,1974,63(1):97-120.

[69] Althaus R,Thomann H. Oscillations of a gas in a closed tube near half the fundamental frequency. J. Fluid Mech. ,1987,183(183):147-161.

[70] Seymour B R,Mortell M P. Resonant acoustic oscillations with damping: small rate theory. J. Fluid Mech. ,1972,58(2):353-373.

[71] Mortell M P,Seymour B R. Nonlinear forced oscillations in a closed tube: continuous solutions of a functional equation. Proc. R. Soc. Lond. A. ,1979, 367(1729):253-270.

[72] Mortell M P, Seymour B R. A finite-rate theory of resonance in a closed tube: discontinuous solutions of a functional equation. J. Fluid Mech. ,1980, 99(2):365-382.

[73] Ilgamov M A, Zaripov R G, Galiullin R G, et al, Nonlinear oscillations of a gas in a tube. Appl. Mech. Rev. ,1996,49:137.

[74] Aganin A A, Il'gamov M A. Nonlinear oscillations of a gas in a closed tube. J Appl. Mech. Tech. Phys. ,1994,35(6):844-848.

[75] Goldshtein A, Vainshtein P, Fichman M. Resonance gas oscillations in closed tubes. J. Fluid Mech. ,1996,322:147-163.

[76] Yano T. Turbulent acoustic streaming excited by resonant gas oscillations with periodic shock waves in a closed tube. J. Acoust. Soc. Am. , 1999, 106:L7.

[77] Elvira-Segura L, de Sarabia ERF. A finite element algorithm for the study of nonlinear standing waves. J. Acoust. Soc. Am. ,1998,103:2312-2320.

[78] Elvira-Segura L, de Sarabia ERF. Numerical and experimental study of finite-amplitude standing waves in a tube at high sonic frequencies. J. Acoust. Soc. Am. ,1998,104:708-714.

[79] Alexeev A, Gutfinger C. Resonance gas oscillations in closed tubes, numerical study and experiments. Phys. Fluids,2003,15:3397-3408.

[80] Vanhille C, Pozuelo C C. Numerical model for nonlinear standing waves and weak shocks in thermoviscous fluids. J. Acoust. Soc. Am. , 2001, 109: 2660-2667.

[81] Pozuelo C C. Numerical and experimental analysis of second-order effects and loss mechanisms in axisymmetrical cavities. J. Acoust. Soc. Am. ,2004, 115:1973-1980.

[82] Vanhille C, Pozuelo C C. Numerical simulation of two-dimensional nonlinear standing acoustic waves. J. Acoust. Soc. Am. ,2004,116:194-200.

[83] Coppens A B, Sanders J V. Finite-amplitude standing waves in rigid-walled tubes. J. Acoust. Soc. Am. , 1968, 43: 516-529.

[84] Coppens A B, Sanders J V. Finite-amplitude standing waves within real cavities. J. Acoust. Soc. Am. , 1975, 58: 1133-1140.

[85] Bednarik M, Cervenka M. Nonlinear waves in resonators. in Nonlinear Acoustics at the Turn of the Millennium, ISNA 15. eds. Lauterborn W, Kurz Th. New York: AIP Conference Proceedings, 2000, 524: 165-168.

[86] Gusev V E. Buildup of forced oscillations in acoustic oscillators. Sov. Phys. Acoust. , 1984, 30: 121-125.

[87] Coppens A B, Atchley A A. Nonlinear standing waves in cavities. in Encyclopedia of Acoustics, ed. Crocker M J. New York: Wiley, 1997: 237-247.

[88] Ilinskii Y, Lipkens B, Lucas T S, et al. Nonlinear standing waves in an acoustical resonator. J. Acoust. Soc. Am. , 1998, 104: 2664-2674.

[89] Rudenko O V. Nonlinear oscillations of linearly deformed medium in a closed resonator excited by finite displacements of its boundary. Acoust. Phys. , 1999, 45: 351-356.

[90] Rudenko O V, Shanin A V. Nonlinear phenomena accompanying the development of oscillations excited in a layer of a linear dissipative medium by finite displacements of its boundary. Acoust. Phys. , 2000, 46: 334-341.

[91] Rudenko O V, Hedberg C M, Enflo B O. Nonlinear standing waves in a layer excited by the periodic motion of its boundary. Acoust. Phys. , 2001, 47: 525-533.

[92] Keller J J. Nonlinear acoustic resonances in shock tubes with varying cross-sectional area. ZAMP, 1977, 28(1): 107-122.

[93] Chester W. Acoustic resonance in spherically symmetric waves. Proc. R. Soc. Lond. A. , 1991, 434(1891): 459-463.

[94] Chester W. Nonlinear resonant oscillations of a gas in a tube of varying

cross-section. Proc. R. Soc. Lond. A,1994,444(444):591-604.

[95] Ockendon H,Chester W. Geometrical effects in resonant gas oscillations. J. Fluid Mech. ,1993,257(257):201-217.

[96] Ellermeier W. Resonant wave motion in a nonhomogeneous system. ZAMP, 1994,45:275-286.

[97] Ellermeier W. Acoustic resonance of radially symmetric waves in a thermo-viscous gas. Acta. Mech. ,1997,121:97-113.

[98] Galiev S U. Passing through resonance of spherical waves. Phys. Lett. A, 1999,260:225-233.

[99] Ellermeier W. Nonlinear acoustics in non-uniform infinite and finite lay-ers. J. Fluid Mech. ,1993,257:182-200.

[100] Ellermeier W. Acoustic resonance of cylindrically symmetric wave. Proc. R. Soc. Lond. A,1994,445:181-191.

[101] Kurihara E, Yano T. Nonlinear analysis of periodic modulation in reso-nances of cylindrical and spherical acoustic standing waves. Phys. Fluids, 2006,18:117107.

[102] Chun Y D,Kim Y H. Numerical analysis for nonlinear resonant oscillations of gas in axisymmetric closed tubes. J. Acoust. Soc. Am. , 2000, 108: 2756-2774.

[103] Ilinskii Y A,Lipkens B,Zabolotskaya E A. Energy losses in an acoustical resonator. J. Acoust. Soc. Am. ,2001,109:1859-1870.

[104] Erickson R R,Zinn B T. Modeling of finite amplitude acoustic waves in closed cavities using the Galerkin method. J. Acoust. Soc. Am. ,2003,113: 1863-1970.

[105] Hossain M A,Kawahashi M,Nagakita T. Experimental investigation on large amplitude standing wave induced in closed tubes with varying cross section. Acoust. Sci. & Tech. ,2004,25:153-158.

[106] Hossain M A, Kawahashi M, Nagakita T. Finite amplitude standing wave in closed ducts with cross sectional area change. Wave Motion, 2005, 42: 226-237.

[107] Luo C, Huang X Y, Nguyen N T. Effect of resonator dimensions on nonlinear standing waves. J. Acoust. Soc. Am. , 2005, 117: 96-103.

[108] Luo C, Huang X Y, Nguyen N T. Generation of shock-free pressure waves in shaped resonators by boundary driving. J. Acoust. Soc. Am. , 2007, 121: 2515-2521.

[109] Hamilton M F, Ilinskii Y A, Zabolotskaya E A. Linear and nonlinear frequency shifts in acoustical resonators with varying cross sections. J. Acoust. Soc. Am. , 2001, 110: 109-119.

[110] Mortell M P, Seymour B R. Nonlinear resonant oscillations in closed tubes of variable cross-section. J. Fluid Mech. , 2004, 519: 183-199.

[111] Varley E, Seymour B R. A method for obtaining exact solutions to partial differential equations with variable coefficients. Stud. Appl. Maths. , 1988, 78: 183-225.

[112] Mortell M P, Seymour B R. Comment on "Linear and nonlinear frequency shifts in acoustical resonators with varying cross sections" (L) . J. Acoust. Soc. Am. , 2008, 124: 3381-3385.

[113] Hamilton M F, Ilinskii Y A, Zabolotskaya E A. Reply to "Comment on 'Linear and nonlinear frequency shifts in acoustical resonators with varying cross sections'" (L). J. Acoust. Soc. Am. , 2008, 124: 3386-3389.

[114] Hamilton M F, Ilinskii Y A, Zabolotskaya E A. Nonlinear frequency shifts in acoustical resonators with varying cross section. J. Acoust. Soc. Am. , 2009, 124: 3386-3389.

[115] Mortell M P. The evolution of macrosonic standing waves in a resonator. Int. J. Eng. Sci. , 2009, 47: 1305-1314.

[116] Putnam A A,Dennis W R. Survey of organ-pipe oscillations in combustion systems. J. Acoust. Soc. Am. ,1956,28(2):246-259.

[117] Feldman K T. Review of the literature on Sondhauss thermoacoustic phenomena. J. Sound Vib. ,1968,7(1):71-82.

[118] Feldman K T. Review of the literature on Rijke thermoacoustic phenomena. J. Sound Vib. ,1968,7(1):83-89.

[119] Taconis K W. Vaper-liquid equilibrium of solutions of He3-He4. Physica,1949,15:738.

[120] Merkli P,Thomann H. Thermoacoustic effects in a resonance tube. J. Fluid Mech. ,1975,70(part 1):161-177.

[121] Rott N. Damped and thermally driven acoustic oscillations in wide and narrow tubes. ZAMP,1969,20:230.

[122] Rott N. Thermal driven acoustic oscillations. Part 2:Stability limit for helium. ZAMP,1973,24:54.

[123] Rott N. Thermal driven acoustic oscillations. Part 3: Second order heat flux. ZAMP,1975,26:43.

[124] Rott N. Thermal driven acoustic oscillations. Part 4: Tubes with variable cross section. ZAMP,1976,27:197.

[125] Zouzoulas G,Rott N. Thermal driven acoustic oscillations. Part 5:Gas-liquid oscillations. ZAMP,1976,27:325.

[126] Muller U A,Rott N. Thermal driven acoustic oscillations. Part 6:Excitation and power. ZAMP,1983,34:609.

[127] Rott N. Thermoacoustics. Adv. Appl. Mech. ,1980,20:135-175.

[128] Bailliet H,Gusev V,Raspet R,Hiller R A. Acoustic streaming in closed thermoacoustic devices. J. Acoust. Soc. Am. ,2001,110:1808-1821.

[129] Gedeon D. DC gas flows in Stirling and pulse tube. Cryocoolers9,Edited by Ross R G. New York:Springer US,1997:385-392.

[130] Gusev V, Job S, Bailliet H, et al. Acoustic streaming in annular thermoacoustic prime-movers. J. Acoust. Soc. Am. ,2000,108(3):934-945.

[131] Bailliet H,Gusev V. Acoustic streaming in closed thermoacoustic device. J. Acoust. Soc. Am. ,2001,DOI:10. 1121/1. 1394739.

[132] Borgnis F. Acoustic radiation pressure of plane compressional waves. Rev. Mod. Phys. ,1953,25:653-664.

[133] Sato M,Fujii T. Quantum mechanical representation of acoustic streaming and acoustic radiation pressure. Phys. Rev. E:2001,64:026311.

[134] Doinikov A A. Theory of acoustic radiation pressure for actual fluids. Phys. Rev. E,1996,54:6297-6303.

[135] Lee C P, Wang T G. Acoustic radiation pressure. J. Acoust. Soc. Am. , 1993,94:1099-1109.

[136] Brandt E H. Suspended by sound. Nature,2001,413(6855):474,475.

[137] Fox F A,Wallace W A. The absorption of finite amplitude sound waves. J. Acoust. Soc. Am. ,1954,26:147.

[138] Chavrier F,Lafon C,Birer A,et al. Determination of the nonlinear parameter by propagating and modeling finite amplitude plane waves. J. Acoust. Soc. Am. ,2006,119:2639-2644.

[139] Beyer R T. The parameter B/A,In Nonlinear Acoustics. eds. Hamilton M F,Blackstock D T. New York:Academic Press,1998:25-29.

[140] Sarvazyan A P. Acoustic nonlinearity parameter B/A of aqueous solutions of some amino acids and proteins. J. Acoust. Soc. Am. , 1990, 88: 1555-1561.

[141] Everbach E C. A corrected mixture law for B/A. J. Acoust. Soc. Am. , 1990,89:446-447.

[142] Barriere C, Royer D. Diffraction effects in the parametric interaction of Acoustic waves:Application to measurements of the nonlinearity parameter

B/A in liquids. IEEE Trans. Ultrason. Ferroelectr. Freq. Control, 2001, 48:1706-1715.

[143] Li X D. Balance between nonlinearity and second harmonic excitation—A study on finite amplitude standing waves. Nonlinear acoustics in perspective, 14th International Symposium on Nonlinear Acoustics, Nanjing, China, Jun 17-21, 1996:94-99.

[144] Huang P T, Brisson J G. Active control of finite amplitude acoustic waves in a confined geometry. J. Acoust. Soc. Am. , 1997, 102:3256-3268.

[145] Huang X Y, Nguyen N T, Jiao Z J. Nonlinear standing waves in a resonator with feedback control(L). J. Acoust. Soc. Am. , 2007, 122:38-41.

[146] Rudenko O V. Artificial nonlinear media with a resonant absorber. Sov. Phys. Acoust. , 1983, 29:234-237.

[147] Andreev V G, Gusev V E, Karabutov A A, et al. Enhancement of the Q of a nonlinear acoustic resonator by means of a selectively absorbing mirror. Sov. Phys. Acoust. , 1985, 31:162-263.

[148] Sugimoto N, Masuda M, Hashiguchi T, et al. Annihilation of shocks in forced oscillations of an air column in a closed tube(L). J. Acoust. Soc. Am. , 2001, 110:2263-2266.

[149] Sugimoto N, Masuda M, Hashiguchi T. Frequency response of nonlinear oscillations of air column in a tube with an array of Helmholtz resonators. J. Acoust. Soc. Am. , 2003, 114:1772-1784.

[150] Li X, Finkbeiner J, Raman G, et al. Optimized shapes of oscillating resonators for generating high-amplitude pressure waves. J. Acoust. Soc. Am. , 2004, 116:2814-2821.

[151] Ladbury R. Ultrahigh-energy sound waves promise new technologies. Physics Today, 1998, 51:23-24.

[152] Gaitan D F, Atchley A A. Finite amplitude standing waves in harmonic and

anharmoic tubes. J. Acoust. Soc. Am. ,1993,93:2489-2495.

[153] 闵琦,彭锋,尹铫,等,突变截面驻波管和极高纯净驻波场的实验研究. 声学学报,2010,35:185-191.

[154] Beranek L L. Acoustical Measurements. New York: Published for the Acoustical Society of America by the American Institute of Physics,1988.

[155] Zuckerwar A J. Handbook of the Speed of Sound in Real Gases,San Diego, Calif:Academic Press,2002.

[156] Wu J. Are sound wave isothermal or adiabatic. Am. J. Phys. ,1990,58:694-696.

[157] Joseph D D,Preziosi L. Heat wave. Rev. Mod. Phys. ,1989,61:41-73.

[158] Kronig L R. On the theory of dispersion of X-rays. J. Opt. Soc. Am. ,1926,12(6):547-557.

[159] Toll J S. Causality and the dispersion relation:Logical foundations. Phys. Rev. 1956,104(6):1760-1770.

[160] Nussenzweig H M. Causality and Dispersion Relations. New York:Academic Press,1972.

[161] Peiponen K E. Generalized Kramers-Kronig relations in nonlinear optical- and THz-spectroscopy. Rep. Prog. Phys. ,2009,72:056401.

[162] Milton G W,Eyre D J,Mantese J V. Finite frequency range Kramers-Kronig relations. Phys. Rev. Lett. ,1997,79:3062-3065.

[163] Waters K R,Hughes M S,Mobley J,et al. Differential forms of the Kramers-Kronig dispersion relations. IEEE, Trans. Ultrason. Ferroelect. Freq. Contr. ,2003,50:68-76.

[164] Waters K R,Mobley J,Miller J G. Causality-imposed(Kramers-Kronig)relationships between attenuation and dispersion. Trans. Ultrason. Ferroelect. Freq. Contr. ,2005,52:822-833.

[165] Mobley J,Waters K R,Miller J G. Causal determination of acoustic group

velocity and frequency derivative of attenuation with finite-bandwidth Kramers-Kronig relations. Phys. Rev. E,2005,72:016604.

[166] Mobley J, Heithaus R E. Ultrasonic properties of a suspension of microspheres supporting negative group velocities. Phys. Rev. Lett. , 2007, 99:124301.

[167] Granot E, Ben-Aderet Y, Sternklar S. Differential multiply subtractive Kramers-Kronig relations. J. Opt. Soc. Am. ,2008,4:609-613.

[168] Morse P M, Feshbach H. Methods of Theoretical Physics. New York: McGraw-Hill,1953:372,373.

[169] Bracewell R N. The Fourier Transform and its Applications. 2nd ed. New York:McGraw-Hill,1986:359-365.

[170] Donnell M O. Kramers-Kronig relationship between ultrasonic attenuation and phase velocity. J. Acoust. Soc. Am. ,1981,69(3):696-701.

[171] Macdonald J R, Brachman M K. Linear-system integral transform relations. Rev. Mod. Phys. ,1956,28:393-422.

[172] Caspers W J. Dispersion relations for nonlinear response. Phys. Rev. , 1964,133:A1249-A1251.

[173] Szabo T L. Time domain wave equations for lossy media obeying a frequency power law. J. Acoust. Soc. Am. ,1994,96:491-500.

[174] Szabo T L. Causal theories and data for acoustic attenuation obeying a frequency power law. J. Acoust. Soc. Am. ,1995,97:14-24.

[175] Hughes W F, Brighton J A. Schaum's Outline of Theory and Problems of Fluid Dynamics. New York:McGraw-Hill,1999.

[176] Herzfeld K F, Litovitz T A. Absorption and Dispersion of Ultrasonic Waves. New York:Academic Press,1959.

[177] Lawrence E K, Austin R F. Fundamentals of acoustics. New York:Wiley, 1962.

[178] Dudley J D, Strong W J. Why are resonant frequencies sometimes defined in terms of zero reactance. Am. J. Phys. ,1987,55:610-613.

[179] Moloney M J, Hatten D L. Acoustic quality factor and energy losses in cylindrical pipes. Am. J. Phys. ,2001,69:311-314.

[180] Biwa T, Ueda Y, Nomura H, et al. Measurement of the Q value of an acoustic resonator. Phys. Rev. E,2005,72:026601.

[181] Moloney M J. Quality factors and conductances in Helmholtz resonators. Am. J. Phys. ,2004,72:1035-1039.

[182] Lamb H. The Dynamical Theory of Sound. Chaps. Ⅷ, Ⅸ. New York: Dover,1960.

[183] 钱祖文. 非线性声学. 北京:科学出版社,1992.

[184] 杜功焕,朱哲民,龚秀芬. 声学基础. 南京:南京大学出版社,2003.

[185] Beyer R T, Nonlinear Acoustics. The Acoustical Society of America,1997. (Published originally by U. S. Navy 1974).

[186] Rudenko O V, Soluyan S I. Theoretical foundations of nonlinear acoustics. New York:Consultants Bureau,1977.

[187] Munjal M L. Acoustics of Ducts and Mufflers With Application to Exhaust and Ventilation System Design. New York:Wiley,1987.

[188] Gibiat V, Barjau A, Castor K, et al. ,Acoustical propagation in a prefractal waveguide. Phys. Rev. E,2003,67:066609.

[189] Mariens P. Kirchoff-Helmholtz absorption in wide and in capillary tubes at audible frequencies. J. Acoust. Soc. Am. ,1957,29:442-445.

[190] Kuckes A F, Ingard U. A note on acoustic boundary disspation due to viscosity(L). J. Acoust. Soc. Am. ,1953,25:798,799.

[191] 林仲茂. 超声变幅杆的原理和设计. 北京:科学出版社,1987.

[192] Blackstock D T. Fundamentals of Physical Acoustics. New York:Wiley, 2000.